科普名家 李 毓 佩

讲给孩子的数学故事

寻找外星人

李毓佩 著

海豚出版社
DOLPHIN BOOKS
CIPG
中国国际出版集团

图书在版编目（CIP）数据

寻找外星人 / 李毓佩著 . -- 北京 : 海豚出版社 ,2019.4
（科普名家李毓佩讲给孩子的数学故事）

ISBN 978-7-5110-4405-1

Ⅰ . ①寻… Ⅱ . ①李… Ⅲ . ①数学－少儿读物 Ⅳ . ① O1-49

中国版本图书馆 CIP 数据核字 (2018) 第 300093 号

寻 找 外 星 人

出 版 人：王 磊

责任编辑：王 然 纪雅茹
责任印制：于浩杰 蔡 丽

出 版：海豚出版社
地 址：北京市西城区百万庄大街 24 号 邮 编：100037
电 话：010-68325006（销售） 010-68996147（总编室）
传 真：010-68996147
印 刷：北京美图印务有限公司
经 销：新华书店及各大网络书店
开 本：32 开（880 毫米 ×1230 毫米）
印 张：5.25
印 数：10000
字 数：68 千字
版 次：2019 年 4 月第 1 版 2019 年 4 月第 1 次印刷
标准书号：ISBN 978-7-5110-4405-1
定 价：25.00 元

CONTENTS

寻找外星人

奇妙的数王国

寻找外星人

1. 带弯刀的阿拉伯男人

　　大双和小双是育新小学五（四）班的学生。他俩是孪生兄弟，奇妙的是，这哥儿俩无论是长相还是性格都有很大差别。哥哥大双，细高个儿，一双眼睛老是眯缝着，好像总在思考什么问题似的。大双性格内向，做事慢条斯理，走起路来也是慢悠悠的。告诉你一个小秘密，大双数学学得可好了，在他们年级那是数一数二的。

　　弟弟小双，长得敦厚结实，浓眉大眼，一对招风耳煞是可爱。小双性格外向，干什么都是风风火火的，除了睡觉，嘴巴也总是"叽叽喳喳"不闲着。至于学习嘛，

那是"一般一般，班上十三"。

不过，虽然这哥儿俩长相、性格有很大差别，但他们有一个共同的爱好，那就是都爱看科幻小说。什么飞碟、外星人、时间隧道，这哥儿俩只要一看起来就着迷。

这天，哥儿俩借了一本科幻小说，讲的是一个小男孩无意中得到一根魔笛，通过这根魔笛，小男孩可以穿越时空在过去、现在、未来之间穿梭。哥儿俩脑袋扎在一起看得忘记了白天黑夜，晚上睡觉时，这哥儿俩脑海里还净是魔笛穿越时空的场景。

睡着睡着，也不知是梦境还是现实，忽然银光一闪，一架银白色的飞碟悄然降落到他们身边。从舱体里钻出一个长相奇特的外星人，只见外星人轻轻推醒了大双、小双，然后微笑着对他们说："大双、小双，我知道你们爱看科幻故事，所以，今天我就带你们乘坐时间机器去旅游。你们想去哪里？"

大双、小双呆住了，半天说不出一句话来，直到外星人又重复了一句，哥儿俩才异口同声地说："埃及金字塔！"

恍惚中，大双、小双爬进了飞碟。很快，飞碟就淹没在一片旋涡中。也不知过了多久，飞碟停住了，外星人轻轻地对他们说："埃及到了，你们下去吧，注意安全！"

哥儿俩又新鲜、又害怕地爬出舱体，发现自己置身在一个全然不同的世界里。小双好奇地东张西望，只见这里人来人往，叫卖声此起彼伏。原来，这里是开罗著名的汗·哈利里市场。市场道路狭窄，街道两旁挤满了小店铺，主要出售铜盘、石雕等埃及传统手工艺品。哥儿俩这里摸摸，那里看看，新奇极了。

小双光顾着看周围的东西了，突然"哎哟"一声，不知和什么东西撞了一下，大双连忙扶住他。大双抬眼一看，忍不住笑了起来。原来，和小双相撞的是一头毛驴。毛驴上驮着一名着阿拉伯服饰的中年男子，头上包着大头巾，腰间还别着一把阿拉伯弯刀。

　　小双抱着头嘟嘟囔囔地说："有没有搞错？你是谁呀？骑着毛驴也不注意点儿！"

　　这个中年男子一看撞了人，忙翻身从驴上下来，嘴里不停地说着："对不起！对不起！"然后从口袋里掏出一张名片递了过来："不认识我呀？喏，这是我的名片，好好看看。"

　　小双接过名片，一看，上面没有文字，只写着4组数字：

1234　56　78　78

小双觉得奇怪，悄悄对大双说："这人古里古怪的，连名字也稀奇古怪，居然是4组数字！"

大双也觉得奇怪，他想了想说："翻过来，看看背面是什么？"小双翻过名片，只见背面有张表：

4534 何	2356 理
5078 靶	1289 陈

"大双哥，背面有一张表，表里有数字和汉字。"

大双仔细看着这张表，说："小双你看，表里的每个汉字上面都有4位数字。"

小双点点头："而且每个汉字都是由左右两部分组成。"

"对！"大双有点兴奋，"这样一来，汉字的每一部分都对应一个两位数字。比如说，'靶'字的左边'革'对应数字50，右边的'巴'就对应着数字78。"

50	78
革	巴

突然小双有新发现："看！名片里最后两组数字就是'78　78'呀！"

大双想了想："'78　78'对应的就应该是'巴巴'，他应该叫'××巴巴'。"

"我知道了。"小双反应还是快，"'12'对应着'阝'，'34'对应着'可'，合起来'1234'对应着'阿'，而'56'对应着'里'。哇！他就是大名鼎鼎的阿里巴巴呀！"

阿里巴巴摸着下巴，不无遗憾地说："难道你们连我阿里巴巴都不认识？我就是世界名著《阿里巴巴与四十大盗》里的主角，那个会秘诀'芝麻开门来！'的阿里巴巴呀！"

"真是阿里巴巴，太好啦！"小双高兴得跳了起来。

阿里巴巴眯缝着眼睛，问："你们两人是双胞胎吧？"

数学高手

数字密码

数字密码属于密码学的一种。通过0 ~ 9的不同组合来表示不同的偏旁或汉字，隐藏消息的真实内容称为"加密"，提高消息的保密性和传递速度。加密后的消息称为"密文"，而把密文转变为明文的过程称为"解密"。故事中用两个数字表示一个汉字或偏旁，大双和小双通过解密，得知"1234 56 78 78"表示"阿里巴巴"。

试一试

M国谍报员截获1份N国情报：（1）N国将兵分东、西两路进攻M国，从东路进攻的部队人数为"ETWQ"；从西路进攻的部队人数为"FEFQ"。（2）N国东、西两路总兵力为"AWQQQ"。另外得知东路兵力比西路多。请快速破解以上密码。大兵压境，十万火急！！！

　　小双奇怪地问："你怎么看出来的？我们俩长得可是一点儿也不像呀！"

　　阿里巴巴笑着说："虽然你们俩长得不太像，但你们俩笑起来的神态可是一模一样的哟！"

　　小双拍了一下阿里巴巴的肩头："算你有眼力。我叫小双，你看，我长得大脑门、大眼睛，聪明得不得了啊！"

　　小双一指大双："他是我哥，叫大双。大双数学学得特别好！"

　　"数学特别好？"听了这句话，阿里巴巴眼睛一亮，"那可太好啦！我正到处找数学学得特别好的人哪！"

　　小双感到奇怪："你找数学学得特别好的人干什么？"

　　阿里巴巴表情十分神秘，小声地说："我听说，外星人在埃及的大金字塔里留下了 10 道数学题。"

　　阿里巴巴左右看了看，接着又说："如果谁能把这 10 道数学题找到并正确解出来，外星人就带谁到火星上去玩。"

"这是真的？"小双嘴张到了最大。

大双慢吞吞地问："这样的好事，你为什么不去金字塔找找呢？"

"我一直想去找。嘻！我的智商极高，偏偏数学不好。我想找一个数学特别好的人和我一起去。"

小双撇了撇嘴，悄悄对大双说："吹牛！哪有智商高但数学不好的？"

阿里巴巴非常遗憾地说："可惜呀，现在是数学好的人不多了，傻子、白痴满街跑。我找了这么多日子了，竟一个也没有找到。"

小双本就是个科幻迷，听说能到火星上去玩，早就激动得不行，这时听阿里巴巴这么一说，忙央求道："让我们哥儿俩跟你去，好吗？"

"那当然好了。不过，我先要出道题考考你哥，看看他数学是不是学得真好。"

"请随便出题。"大双不怕考数学。

阿里巴巴十分严肃地说："有一道数学题困扰了我十多年了。题目说，'两个数的和大于其中的一个加数21，也大于另一个加数19，这两个数的和是多少？'"

"哈哈，这么简单的问题还用问我哥？还困扰了你十多年？我来告诉你：一个加数21，另一个加数19，这两个数的和就是19+21=40啊！"

阿里巴巴竖起大拇指："这么快就算出来了，真了不起呀！"

"这么简单的问题，一年级小学生都会算呀！哈哈……"小双笑得前仰后合。

阿里巴巴没乐，更加严肃了："还有一道更难的题，让我费了二十年的脑筋，直到现在还没做出来。这个题是这样的，'有一个一位数，这个数的两倍是个两位数；如果把这个两位数写在纸上，倒过来看，就变成这个数的自乘了。问这个数是几？'"

小双觉得这道题有点难度，就看了一眼大双。

大双知道这是让他来解："这个一位数必然大于4，

不然的话，它的两倍就不可能是两位数了。"

小双接着解释说："$4 \times 2 = 8$，8 还是一位数呀！$5 \times 2 = 10$，10 才是两位数。"

大双又说："而且这个两位数，只能是 10 到 18 之间的偶数，而且倒过来看还是一个两位数，要满足题意的话，这个数只能是 9 了。"

小双补充说："你看，$9 \times 2 = 18$，将 18 倒过来看是 81，$81 = 9 \times 9$。这个数就是 9！"

阿里巴巴同时竖起左右两根大拇指："真了不起！"

小双笑嘻嘻地说："这第二道题嘛，还够二年级水平。"

"看来你们俩的数学没问题。好吧，咱们一块去找外星人留下的数学题。你们等我一会儿啊！"说完阿里巴巴一拍毛驴走了。

"跑了？不会是骗子吧？"小双有点莫名其妙。

大双没说话，若有所思地看着阿里巴巴远去的背影。

一顿饭工夫，阿里巴巴回来了。他找来一头单峰骆驼，对大双、小双说："这里离大金字塔还比较远，你们俩骑这匹骆驼，我还骑我的毛驴，咱们出发！"

数学高手

根据文字列算式

根据文字列算式，首先要弄清楚加数、和、减数、被减数、差、乘数、积、除数、被除数之间的运算关系，把文字表述列成数学算式再解答。如本故事中一个加数 21，另一个加数 19，则两个数的和 19+21=40。

试一试

两个数的和加上两个数的差等于 16，它们的积也等于 16，这两个数分别是多少？

2. 奔向金字塔

阿里巴巴骑着毛驴在前面走，大双、小双合骑一匹骆驼跟在后面。三人不紧不慢地往前走着，顺道看看沿途的风光。

小双骑在骆驼上一晃一晃的，他看着阿里巴巴腰间的阿拉伯弯刀，十分好奇。那弯刀做得十分精致，刀鞘上还镶嵌着美丽的宝石。小双问："阿里巴巴，你为什么老是带着这把弯刀呢？"

阿里巴巴笑了笑说："看过《阿里巴巴与四十大盗》这本书的人都知道，四十大盗都被我和我的女仆消灭了。"

小双一伸大拇指："你的女仆马尔佳娜好棒啊！聪明得不得了！"

阿里巴巴微微点点头，转眼间表情却变得沉重起来："是啊，虽说四十大盗死了，可他们的儿子又组成了小

四十大盗。小四十大盗到处追杀我，扬言要替他们的父亲报仇。"

小双大吃一惊："啊？怎么会这样？太可怕了！"

三人正有一搭没一搭地聊着，突然后面扬尘暴起，马蹄声急，一支马队朝他们这边疾驰而来，隐隐约约听到有人在大喊："我看清楚了，前面那个骑毛驴的就是阿里巴巴，快追啊！别让他跑了！"

阿里巴巴脸色大变："糟糕，小四十大盗追来啦！他们怎么知道我在这里的？"

大双、小双哪见过这种阵势，脸早就吓白了，一个劲地追问阿里巴巴："怎么办？怎么办？"

阿里巴巴已经慌了神，他一边摇头，一边快速抽出腰刀，强自镇定地说："只有跟他们拼了！"

眼看着小四十大盗越追越近，小双急中生智，对阿里巴巴说："你一个人也打不过他们。这样吧，咱俩互换一下衣服，你和我哥哥骑着骆驼按原路走，我骑你的毛驴往另一个方向跑，引开他们。"

　　阿里巴巴也没有什么好主意，只好点点头。两人赶紧脱衣服，阿里巴巴穿上小双的衣服，就像穿着裤衩和背心，而小双穿上阿里巴巴的衣服，就像套上了一个大口袋。旁边的大双看着他俩那滑稽样，忍不住笑了起来。

　　阿里巴巴瞪了他一眼："都什么时候了，还有心情笑？"

　　小双一脸苦相："穿这么厚的羊皮袄，我非捂出一身痱子不可！"

　　阿里巴巴和大双骑上了骆驼，继续往前走。小双骑上毛驴，朝另一个方向跑去。

　　阿里巴巴叮嘱小双说："小心小心再小心，镇定镇定再镇定！对了，小双，咱们怎样联系呀？"

　　小双回头说："我和大双都有手机。打手机吧！"说完照着驴屁股狠狠抽了两巴掌，毛驴高叫一声，撒腿就跑。

　　小双骑着毛驴在前面跑，小四十大盗挥舞着弯刀在后面追。眼看着越追越近，小双强自镇定，装作不紧不慢地往前走着。

　　很快，小四十大盗就追上了小双。只见这伙阿拉伯人个个手拿弯刀，身披黑斗篷，一个个凶神恶煞的样子。为首一个头领模样的人手拿弯刀一指："阿里巴巴，这次你跑不了啦！快快下驴受死吧！"

　　小双故作害怕地滚下毛驴，甩掉身上的长袍，颤颤抖抖地说："什么……什么阿里巴巴……我是……我是小双。你们……你们追我小双干什么……"

那个头领立刻勒住了马，看清是一小孩后大吃一惊："啊，他不是阿里巴巴，是个毛头小孩！"说完他掉转马头，对手下的人大声呵斥："你们是怎么干活的？叫你们找阿里巴巴，怎么找了一小孩子？一群废物加笨蛋！走，咱们到别处去找阿里巴巴！"说完这个头领一夹马背，领着那帮喽啰扬长而去。

小双看着他们远去的背影，心里暗道："四十个笨蛋也斗不过我一个小双！"

确定他们已走远后，小双掏出手机和大双通话："大双哥，小四十大盗全跑了，你们现在在哪儿？"

大双回答："我们在前面一个沙丘的后面。"

"驾！"小双在驴屁股后猛拍一巴掌。毛驴快步往前跑，果然在沙丘的后面找到了大双和阿里巴巴。

阿里巴巴十分佩服："小双真是智勇双全，一个人力退小四十大盗，了不起呀！"

阿里巴巴一夸，小双还真有点不好意思："嘿，我这是初生牛犊不怕虎。你这羊皮袍子热得不得了，咱俩快

换过来吧！"

"好，好！"阿里巴巴和小双换好衣服。小双把毛驴还给阿里巴巴，和大双继续骑骆驼，三人继续前行。

小双问："你带我们去哪个大金字塔呀？"

"我带你们去埃及最著名的胡夫大金字塔。胡夫金字塔大约建于公元前2560年，距现在有4500多年了。在1888年巴黎建筑起埃菲尔铁塔以前，它一直是世界最高的建筑物。"

"那还不快走！"小双又猛拍了骆驼屁股一巴掌，骆驼一惊，猛地往前一蹿，差一点把哥儿俩摔下来。

"哈哈！"小双觉得好玩。

又走了一段路，他们终于看到了漫漫黄沙。小双第一次看到沙漠，高兴极了，忍不住脱了鞋翻身从骆驼背上下来。没想到脚一沾地，小双便哎哟一声跳了起来。原来，沙漠里的沙子火烫火烫的。

阿里巴巴笑着说："别闹了，小双。看，金字塔到了！"大双、小双抬眼一看，真的，著名的金字塔已在眼前。大的有三座，小的若干座，还有那尊赫赫有名的人面狮身斯芬克斯雕像。三人来到最大的胡夫金字塔前，沿着周长一公里的金字塔转了好几圈。

小双兴奋极了："哇！这么高大，太雄伟啦！"

大双由衷地赞叹道："四千多年前，人类就能造出建筑技术这么精湛，又这么大的金字塔，真不可想象！"

3. 又唱又跳的老主编

大双和小双正看着金字塔出神，突然跑来一个披头散发的欧洲人。这个人长得胖胖的，大约五十来岁左右，一双眼睛像铜铃般大。这个人来到金字塔前，像着了魔似的，又唱又跳：

"金字塔太神秘，太神秘！

金字塔不可思议，不可思议！"

　　大双、小双吓了一跳，赶紧躲到一边。小双好奇地问阿里巴巴："这人怎么回事呀？"

　　阿里巴巴小声说："听说他过去是英国一家杂志的主编，叫约翰。这个人曾对胡夫金字塔的各部分尺寸做过仔细计算，发现了一些奇特现象。他研究了许多年，但对这些奇特现象还是百思不得其解，最后精神失常了。"

　　什么都好奇的小双，当然不能放过这件新鲜事，他赶紧下了骆驼，跑了过去。

　　小双先行了一个举手礼："约翰先生，你讲金字塔太神秘——金字塔怎么太神秘了？又怎么不可思议了？"

　　约翰看小双问他有关金字塔的问题，立刻来劲了。他停止了跳舞，眉飞色舞地说："胡夫金字塔可是一个非常神秘的建筑。它的底座是一个正方形，这个正方形的边长 a 为 230.36 米，金字塔的高 h 为 146.6 米。我把正方形相邻两边相加，再除以高……"说着他在地上列出算式：

$$\frac{a+a}{h} = \frac{230.36+230.36}{146.6} = \frac{460.72}{146.6} \approx 3.142 \approx \pi$$

约翰瞪着一双铜铃般的大眼睛，指着计算结果说："你看，金字塔里怎么会藏有圆周率呢？简直是不可思议，不可思议啊！"

小双点点头："确实是不可思议呀！"

约翰见小双同意他的观点，立刻高兴地拉起小双，又开始连唱带跳起来。小双干脆也跟着跳起来。

约翰唱："金字塔太神秘，太神秘！"

小双跟着唱："金字塔不可思议，不可思议！"

阿里巴巴怕小双和约翰一样，也得了精神病，赶紧把小双一把拉了过来："你别和他跳了，咱们赶紧进金字塔找外星人留下的数学题吧！"

大双却站住不动了，他自言自语地说："金字塔和圆周率 π 怎么会搞到一起去了呢？实在是怪呀！"

这时旁边恰巧站着一位年长的埃及学者，他给大双做了解释："小朋友，我来给你解释。"

埃及学者先在地上画了一个图（图1），接着说："据考证，修金字塔时，先定塔高 h 为 2 个单位长，取高的一半为直径，在中心处做一个大圆。让大圆向两侧各滚动半周，这样就定出了金字塔的一条底边长。其长度为

$$a= \frac{1}{2} \times \pi + \frac{1}{2} \times \pi = \pi \text{。}"$$

图1

埃及学者又说："再利用上面的算式计算，就得到圆周率

$$\frac{a+a}{h} = \frac{\pi + \pi}{2} = \pi \text{。}"$$

大双问："老爷爷，当时他们为什么要在中心处做一个大圆？而且让大圆向两侧各滚动半周呢？"

"问题提得好！"埃及学者说，"据考古学家发现，

古埃及人丈量长度常用测轮（图2）。当轮子半径一定时，轮子转动一周所丈量的长度恰好等于圆周长。看来，π 出现在金字塔中实际上是测轮起了作用。"

图 2

数学高手

圆周率、直径与周长

圆周率是圆的周长与直径的比值，一般用希腊字母 π 表示，是精确计算圆周长、圆面积等几何形状的关键值。π 是无理数，即无限不循环小数。在日常生活中，通常都用 3.14 代表圆周率去进行近似计算。

在圆中，周长÷直径＝圆周率（定值），因此，只要知道圆的直径就可以求出圆的周长。如一个圆的直径 $d=3$，它的周长 $c=\pi d$。

试一试

已知圆的周长为 32 米，求圆的直径 d。

"谢谢爷爷的指点。"大双向埃及学者深深鞠了一躬。埃及学者笑着点点头:"好,多懂事的孩子啊!"

阿里巴巴怕约翰又来找小双,他一手拉着大双,一手拉着小双,朝金字塔的大门跑去,边跑边说:"咱们快进去找题吧!"

大双问:"进了金字塔,咱们到哪儿去找外星人留下的数学题呢?外星人留下的数学题有什么特殊记号吗?"

阿里巴巴说:"外星人留下的数学题没有固定地点,常常出现在你预想不到的地方,但是题目上一定有一个飞碟的记号。"说完阿里巴巴停下来画了一个飞碟模样的图案(图3)。

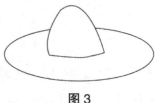

图3

金字塔的门离地面还有十几层台阶,小双带头往上爬。爬着爬着,突然从上面掉下一块土块,正好砸在小双的大脑门上。

小双抱着头大叫:"呀!是什么东西?砸死我啦!"

土块掉在地上,摔碎了,从里面掉出一张纸条。小双拣起来，发现上面画有飞碟的记号。

　　小双高兴得手舞足蹈起来，忘记了脑门的疼痛：
"哇！土块里面掉出一张纸条，上面有画和数字，还画
有飞碟的记号哪！"大双和阿里巴巴赶紧围拢过来。

　　只见纸条上画有房子、猫、老鼠、大麦穗、装有大
麦的斗（图4），图的下面都有数字。

图4

　　这幅画是什么意思呢？三个人你看看我，我看看
你，百思不得其解。

　　突然大双拍了一下大腿，说："有了！我理解的这幅
画的意思是，有7座房子，每座房子里有7只猫，每只
猫吃了7只老鼠，每只老鼠吃了7穗大麦，每穗大麦种

子可以长出 7 斗大麦。让你算出房子、猫、老鼠、麦穗和麦穗长出的大麦斗数的总和是多少。"

"我来算算。"小双一听有道理，忙抢着开始计算，"房子数为 7，猫有 7×7，老鼠有 $7 \times 7 \times 7$，麦穗有 $7 \times 7 \times 7 \times 7$，麦穗长出的大麦斗数为 $7 \times 7 \times 7 \times 7 \times 7$。"小双扭头看着大双，问："哥，我做的对不对呀？"大双点点头。

一看自己做对了，小双信心倍增："把这几个数相加，总数是

$$7+7 \times 7+7 \times 7 \times 7+7 \times 7 \times 7 \times 7+7 \times 7 \times 7 \times 7 \times 7$$

$$=7 \times (1+7+7 \times 7+7 \times 7 \times 7+7 \times 7 \times 7 \times 7)$$

$$=7 \times [1+7 \times (1+7+7 \times 7+7 \times 7 \times 7)]$$

$$=7 \times \{1+7 \times [1+7 (1+7+7 \times 7)]\}$$

$$=7 \times [1+7 \times (1+7 \times 57)]$$

$$=7 \times [1+7 \times (1+399)]$$

$$=7 \times [1+7 \times 400]$$

$$=7 \times (1+2800)$$

$$=7 \times 2801$$

$$=19607$$

哇！总数是 19607。"

"完全正确！"大双又一次肯定小双的做法。

数学高手

巧用公约数

一个整数同时是几个整数的约数，这个整数就是它们的"公约数"。当一个求和的算式中各项都有公约数时，先观察算式，把公约数提到括号外面，简化运算。例如故事中的题目：求 $7+7×7+7×7×7+7×7×7×7$ 的和，通过仔细观察发现有公约数 7，所以把 7 提到括号外面，提出一层后发现后面的算式中仍有 7 为公约数，便逐层提出，直至无公约数。

试一试

已知 A、B 两个数的最大公约数为 31，且 $A×B=5766$，求 A、B。

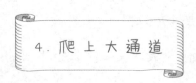

4.爬上大通道

　　阿里巴巴带着大双、小双来到金字塔门前，发现金字塔的大门紧闭。

　　小双皱了皱眉："糟糕！金字塔的大门怎么是关着的呀？"

　　"大门紧闭不要紧，我有开门的口诀呀！"阿里巴巴双手合十，念着口诀："芝麻开门，芝麻开门，芝麻快开门！"

　　尽管阿里巴巴连念了好几遍口诀，大门却不"买账"，依然紧闭，甚至连个门缝都没开。

　　大双嘟着嘴巴说："喂！阿里巴巴，你念了半天口诀，这大门怎么连个门缝也没开呀？"

　　阿里巴巴紧锁眉头："奇怪呀，我的口诀是十分灵验的，今天怎么失灵啦？"

　　"到了埃及，只有芝麻就不行了！听我小双的吧！"

说完小双双手合十，学着阿里巴巴的样子念起口诀：
"芝麻、巧克力、泡泡糖、胡椒粉、酸黄瓜、小辣椒开
门来！"

阿里巴巴听了小双的口诀，哭笑不得："你这都是些
什么呀？是口诀吗？酸甜苦辣咸五味俱全。"

"哈哈！时代不同了，口味也在发生变化。"

说也奇怪，小双念完之后，金字塔的门真的打开了。

"看，大门打开了。不管念的是什么口诀，打开大
门就行！同志们，跟我往里冲啊！"小双撒腿就往里跑。

"冲！"大双紧跟着往里跑。

进了金字塔的门就是上行通道，一进门就看见一个
戴着眼镜的中年人，拿着仪器正在测量着什么。这个人
一边测量一边口中还念念有词。

"金字塔里面有人！"小双对什么事情都好奇，他跑
过去问："先生，您这是干什么呢？"

中年人扶了一下眼镜，头也没抬地说："我在测上行
通道和水平面的夹角（图5）。"

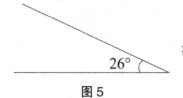

图5

大双也凑了过去，问："您测出的角度是多少呢？"

"26°——可是怎么会是26°呢？"中年人对自己测出的度数一脸的不解。

大双看这中年人一脸的迷惑，好奇地问："26°角有什么奇怪的？"

中年人瞪了大双一眼："26°角就是奇怪得很！要知道，这26°可不是一个随便的角度啊！"

小双也奇怪了，问："这26°有什么特殊的？"

中年人不耐烦地看了他们俩一眼，说："怎么你们连这都不知道。喏，是这样……"说完中年人在地上画了一个图（图6），然后指着图说："金字塔是个正四棱锥，侧面是四个全等的三角形，侧面和水平面的夹角是52°，恰好是26°的两倍！这难道是偶然的吗？这绝不可能是一种巧合！"

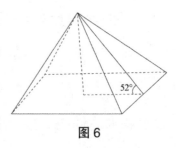

图6

小双没弄懂："这26°我还

没弄清楚呢，又出来 52°了，越说我越糊涂。"

大双问中年人："您知道金字塔这个正四棱锥的侧面和水平面的夹角为什么是 52°吗？"

"当然知道，我来给你做个试验。"说完中年人用手捧起一捧沙土，然后让沙土自己慢慢流下，落下的沙土形成一个圆锥体，"我让沙土自然流下，形成一个圆锥体的沙堆。"

中年人把测角的工具递给大双："你量量这个圆锥的侧面和水平面的夹角是多少？"

大双刚一量完，就大叫一声："哇！夹角正好是52°，真的很酷耶！"

中年人解释说："52°是锥体最稳定的角度。由于金字塔处在沙漠之中，风沙很大，金字塔必须修建得十分牢固和稳定才行，所以当初的修建者就选择了 52°这个角度。"

小双伸伸舌头，佩服地对中年人说："想不到，你还是一位大学者呀！"

数 学 高 手

极限角和稳定角

把一定数量的米、沙、碎石子，分别从上向下慢慢地倾倒，不久就会形成三个圆锥体，尽管它们质量不同，但形状却异常相似。如果仔细测量，会发现它们的锥角基本上都是52°。这种自然形成的角是最稳定的角，人们称它为"自然塌落现象的极限角和稳定角"。金字塔正是按照这种"极限角和稳定角"来建造的，独特的造型把沙漠中风的破坏力化解到最小程度。这一原理被广泛应用于桥梁、房屋等建筑中。

试一试

将鸡蛋搁在一个用纸板抠出的洞里，洞的边缘与鸡蛋所形成的圆锥角为多少度时，鸡蛋的稳定性最好？

　　大双又问："那么，上行通道和水平面的夹角为什么是 26°呢？"

　　"谁知道这是为什么呢？我要是知道就好了。"中年人说着说着就开始又唱又跳起来：

　　"金字塔太神秘，太神秘！

　　金字塔不可思议，不可思议！"

　　小双听到这首歌，立刻大惊失色："哇！他和英国的约翰主编唱的是同一首歌，他是不是也神经错乱啦？"

　　阿里巴巴摇摇头："这金字塔里净是一些不可思议的事，咱们还是走吧！"说完拉起小双就要走。

　　小双没动："他有病，应该请医生看。我可不能看着不管，我要打 120 叫急救车。"说着他掏出手机就拨打 120："喂，你是急救站吗？我这儿有一个精神病患者，需要医治。"

　　对方问："你现在在哪儿？"

　　"我在埃及大金字塔。"

数学高手

认识角

除了认识锐角、直角和钝角，我们还要会数一共有几个角。

下图中基本角有3个，由两个基本角组合而成的角有2个（∠1和∠2组合成的角、∠2和∠3组合成的角），由3个基本角组合而成的角有1个（∠1、∠2和∠3组合成的大角），3+2+1=6，所以图形中角的个数有6个。若基本角个数为 N，角的个数为 N+(N-1)+……+1。

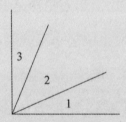

试一试

数一数右图中共有几个角。

"我们去不了埃及，请你求助当地的急救站。"

阿里巴巴苦笑着说："你打北京的急救站，人家怎么来得了？咱们还是赶紧往上爬吧！"

三人刚要离开，小双忽然发现，中年人的屁股上贴着一张纸条："看哪，这位大学者的屁股上还贴着一张纸条！"

大双说："快揭下来看看。"

小双轻轻揭下来，看见纸条上面画有飞碟的记号："哇！纸条上面有飞碟的记号！"

大双一听来劲了:"这是外星人出的第二道题。这题怎么贴到他屁股上了?小双你念念题。"

小双大声读题:"大双5天没撕日历了。他一次撕下了前5天的日历,这5天日历上的数字和是45。问大双是几号撕的日历?"

"外星人认识我大双?"大双十分诧异,"可是外星人说得不对,我是天天撕日历的。"

阿里巴巴摇摇头说:"不管你是不是天天撕日历,你必须把这道题做出来。"

小双在一旁帮腔:"对啊!答不上来,外星人就不带咱们去火星上玩了。"

没想到大双不假思索,脱口而出:"是12号撕的日历。"

阿里巴巴大吃一惊:"哇!脱口而出,大双的数学真的很厉害耶!"

小双有点不相信:"快是真快,做得对吗?"

阿里巴巴也问:"大双,你是怎么算的?"

大双解释说：“由于是相连的 5 天，所以日期必然是相连的 5 个数。这 5 个数的和是 45，中间的数必然是 $45 \div 5 = 9$。9 号往后数 3 天，就是撕日历的日子 12 号。”

小双眼珠转了转，他在琢磨着什么：“这么说，你撕的是 7 号、8 号、9 号、10 号、11 号这 5 天的日历。$7+8+9+10+11=45$，对！可是……”

阿里巴巴摸摸小双的头说：“小双，你还有什么怀疑的吗？”

“这 5 天有没有可能是跨月的，比如 31 号，接着是下月的 1 号、2 号、3 号、4 号。”

“想得好！”大双夸奖小双，“可是 $31+1+2+3+4=41$，不够 45。如果上一个月取 2 天，就拿 2 月份来说，取最后 2 天 27 号和 28 号，但是 $27+28=55$，已经超过 45 了，不可能取。”

“看来只能是 12 号这一个答案了。”阿里巴巴点点头，接着催促大双、小双，“进了金字塔，咱们就快往上爬吧！”

小双抬起头，眯着眼向上看：“上面有什么好看的？”

数 学 高 手

平均数问题

对于故事中的题目，大双实际上是利用求平均数的概念来解的。题目所求是 5 个相连的数，它们的和是 45，那中间数就是这 5 个数的平均数。假设这 5 个数的中间数为 x，则这 5 个数之和为 $(x-2)+(x-1)+x+(x+1)+(x+2)=45$，可得 $5x=45$，$x=45\div5=9$，9 就是这 5 个数的平均数。这样，这 5 个数都可以求出。

试一试

已知 9 个数的平均数是 72，去掉一个数后，余下的数平均数为 78，请问去掉的数是多少？

阿里巴巴拍拍小双的肩膀，说："当然有好看的了！咱们先到王殿看看国王胡夫的木乃伊。"

"木乃伊是什么东西？"

"木乃伊就是经过特殊处理的干尸。"

"干尸? 哇! "听说是干尸, 小双大叫一声, 吓晕过去了。

5. 巧遇大胡子

大双一看小双吓晕过去了, 可着了急, 又拍后背, 又掐人中:"小双, 小双, 你醒醒。"

忙活了好一阵子, 只听小双嗓子里"咕噜"响了一声, 然后才缓过气来。

阿里巴巴安慰说:"干尸已经死了好几千年了, 小双, 你不用害怕。"

小双哭丧着脸说:"越老越可怕呀! "

待小双缓过劲来, 三个人沿着上行通道继续往上爬。

阿里巴巴嘱咐说:"爬上行通道也不容易, 每爬一步

都会遇到危险!"

小双毕竟是个孩子,一缓过劲来,就又恢复了活泼调皮、敢冲敢闯的本色:"你不用吓唬我,除了干尸,我什么都不怕!"

爬着爬着,突然听到有人大喝一声:"看刀!"接着银光一闪,从拐角处闪出一把明晃晃的阿拉伯弯刀,直奔阿里巴巴砍去。

阿里巴巴大吃一惊,低头闪过弯刀,嘴里哇哇大叫:"哇!要命啦!"一边叫,一边赶紧抽出腰间的弯刀,和这个蒙面人打在了一起。

混战中,阿里巴巴架住对方的弯刀,大声喝问道:"你是什么人?敢暗算我阿里巴巴!"

蒙面人瓮声瓮气地说:"我乃小四十大盗的老大卡西拉是也!阿里巴巴,拿命来吧!"说完手底也不含糊,一刀就向阿里巴巴砍去。阿里巴巴忙举刀相迎。两人你来我往,硬是不分高下。

大双、小双在旁边干着急。大双心想:"照这样打下去，也不知打到猴年马月，得想个法子。对了，小双练过中国式摔跤……"于是，他拉过小双，在小双耳边嘀咕了几句。

小双点点头，瞅准时机，"嘿"的一声，冲上前抱住卡西拉的大腿一转身，把他摔倒在地，卡西拉手中的弯刀也摔出去老远。

卡西拉大叫："救命哪，我要滚下去了！"说着他顺着斜坡"叽里咕噜"滚了下去。

大双在一旁拍手称快。阿里巴巴好奇地问："小双，你这么小的个子，怎么能把那个大块头摔下去？"

"嘿嘿！"小双得意地说，"这叫'四两拨千斤'，露一小手，见笑，见笑！"

小双找到卡西拉丢掉的弯刀，高兴地说："这是我的战利品！"

这时，一旁的大双突然有了新发现："快看，弯刀上还穿着一张纸条呢！"

小双仔细一看，果然弯刀上穿着一张纸条。小双拿

下纸条，发现上面有飞碟的记号："我的天，上面有飞碟的记号！"

大双一听忙抢过纸条："这是外星人出的第三道题，快给我！"

大双开始读题："把 2 箱鸭蛋和 4 箱鸡蛋放在一起，这 6 箱蛋的数目分别是 44 个、48 个、50 个、52 个、57 个、64 个。只知道鸡蛋的个数是鸭蛋的 2 倍，问哪两箱装的是鸭蛋？"

大双好奇地问："外星人也吃鸡蛋和鸭蛋？"

小双搞笑地说："他们也不怕得禽流感！"

阿里巴巴看着大双问："这题怎么做呀？"

"先把 6 箱蛋加起来，44+48+50+52+57+64=315，根据鸡蛋的个数是鸭蛋的 2 倍这个关系可以知道，总数必然是 3 的倍数，并且装 57 个蛋的那个箱子装的肯定是鸭蛋。"

阿里巴巴又问："往下怎么做？"

"总数的 $\frac{1}{3}$ 就是 315÷3=105 个，因此鸭蛋的总数是

105。这 6 箱中能凑成 105 的只有 48+57=105，所以必然是装 57 个和 48 个的那两箱装的是鸭蛋。"

"外星人为什么要把鸭蛋找出来呢？"小双的脑袋瓜就是稀奇古怪，居然提了这么一个问题。

阿里巴巴想了想，一本正经地说："也许在他们那个星球上，只有鸡，没有鸭子。"

大双问："照你这么说，他们是想把鸭蛋拿回去，在他们星球上繁殖鸭子喽？"

小双插话道："那我就在他们星球上开一个'全聚德'烤鸭店。哈哈！天天吃烤鸭。"

大双笑着说："也不知外星人爱不爱吃烤鸭。"

小双晃着脑袋说："他们爱不爱吃，我不管，反正又解出了一道外星人出的题。"

小双正说得高兴，突然从后面伸出两只大手，抓着他的衣服，把他从地上揪了起来。小双吓得魂飞魄散，一边蹬腿一边叫喊："怎么回事？勒死我啦！"

小双转头一看，见一个又高又壮、满脸长着大胡子

的中年人，正鼓着一双电灯泡似的大眼睛死死盯着他。

小双吃力地问："你——你想干什么？"

数学高手

和倍问题

已知两个数的和与两个数的倍数关系，求两个数各是多少的应用题，通常叫作和倍问题。解答此类应用题时，要根据题目中所给的条件和问题，画出线段图，使数量关系一目了然，从而找出解题规律，正确迅速地列式解答。可用公式：

两数和÷份数和＝小数

小数×倍数＝大数

两数和－小数＝大数。

试一试

某校买了一些红铅笔和白铅笔，已知红铅笔和白铅笔的和是64支，红铅笔是白铅笔的3倍，求两种铅笔各多少支？

大胡子瓮声瓮气地说："你是说把金字塔里的问题解决了？我的问题你能解决吗？"

"什么问题？"

大胡子把小双往上提了提："我问你，为什么金字塔的重量乘以 10^{15} 等于地球的重量？"

小双先"哎哟"了一声："你……你别那么使劲。什么是 10^{15}？我不知道。"

"连 10^{15} 都不知道！"大胡子不屑地说，"10^{15} 就是在 1 的后面画上 15 个零。"

"也就是说 $10^{15}=1000000000000000$。"大双补充说道。

"对！"大胡子突然又把小双往上提了一下，问："为什么金字塔塔高 $h \times 10^9 \approx 1.5$ 亿千米 = 地球到太阳的距离？"

"哎哟，我的妈呀！"小双又大叫一声，"我不知道。哎，你慢点提行不行！"

数学高手

乘方

　　求 n 个相同因数乘积的运算，叫作乘方，乘方的结果叫作幂。乘方其实是乘法运算的特例，如故事中的 10^{15} 表示 15 个 10 相乘。

　　同底数幂相乘：底数不变，指数相加，即 $a^m \cdot a^n = a^{m+n}$（m、n 为整数）。

　　同底数幂相除：底数不变，指数相减，即 $a^m \div a^n = a^{m-n}$（m、n 为整数）。

　　幂的乘方：底数不变，指数相乘，即 $(a^m)^n = a^{mn}$（m、n 为整数）。

　　积的乘方：把积的每一个因式分别乘方，再把所得的幂相乘，即 $(ab)^n = a^n b^n$。

　　需要注意的是，任何数的 0 次方都等于 1，0 除外。

试一试

　　$2^3 = ($ 　　$)$　　$(a^2)^4 \cdot a^3 = ($ 　　$)$

听到小双说不知道，大胡子来气了，干脆把小双一下子提过了头顶："我问你，为什么金字塔塔高的平方等于金字塔侧面三角形的面积？""求你了，别往上提了，再提我要上天啦！我说过，我不知道。"

大胡子发怒了，他瞪着眼睛问："你什么都不知道，

怎么敢说把金字塔里的问题解决了？"

"唉！"小双满脸委屈地说，"我们解决的不是金字塔里的问题，是外星人出的数学题。"

阿里巴巴实在看不下去了，扑了过来，大喊一声："你这个大男人，怎么敢对一个小孩子如此无理？你给我躺下吧！"接着阿里巴巴来了一个阿拉伯式的摔跤，扑通一声把大胡子摔倒在地。

"哎哟！"大胡子叫了一声，"哇，我真听话！他让我躺下我就躺下了。"

小双虽然也摔了一跤，但他迅速爬了起来，扶起大胡子："大胡子叔叔，你提的问题都是很重要的问题，虽然我现在解决不了，但将来我一定会给你解决的。"

阿里巴巴拉过小双说："这个人精神好像也不太正常，你别给他解释了，快往上爬吧！"

大双也催促说："小双，走吧！"

没想到大胡子一把拉住小双不让走："你们别把我丢下，我要和你们一起走！"

"怎么办？"小双没主意了。

阿里巴巴把大双、小双拉到一边，小声说："他神神道道的，不能带他走！"

大双也低声说："可是怎么拒绝他呢？"

小双略一思忖，有了主意。他走到大胡子跟前，说："这样吧，你来说一个童谣，'一只青蛙一张嘴，两只眼睛四条腿，呱呱跳下水。两只青蛙两张嘴，四只眼睛八条腿，呱呱跳下水。'你一直说到十只青蛙，如果不说错，说明你计算能力不错，我们就带你走。"

"好，好！咱们一言为定。"大胡子手脚并用，开始数，"三只青蛙三张嘴，六只眼睛十二条腿，呱呱跳下水。四只青蛙四张嘴，九只眼睛……唉，怎么九只眼睛？多了一只眼睛……"

小双小声说："趁他数糊涂了，咱们赶紧走吧！"阿里巴巴和大双、小双一溜烟似的跑了。

6. 探索石棺的秘密

三个人爬完了大通道，前面出现一间石室。

阿里巴巴喘着气指着石室说："看！这就是王殿。"

大双也气喘吁吁地说："终于到了，咱们进去吧！"

大双和阿里巴巴一前一后走进了石室，唯独小双站在石室门口，全身发抖，就是不进来。

阿里巴巴转身冲小双招招手："小双，快进来呀！"

小双摇摇头，嗫嚅着说："我……我不进去。"

大双奇怪了："为什么？"

"里面有木乃伊，干尸！"小双的声音越来越小。

阿里巴巴和大双连说带劝，终于把小双说服了。小双不情不愿地跟在他们后面，眼睛盯着脚尖不敢看前方，好像怕踩上什么地雷似的。

他们进入石室，只见石室里除了一个没有盖的石棺，其他什么也没有。

大双说："那里有一个没有盖的石棺，我过去看看。"说着大双就朝石棺走去。

阿里巴巴说："听说石棺里空空如也，里面什么也没有，是一口空棺材！"

话音刚落，突然从石棺里传出声音："谁说空空如也呀？谁说是一口空棺材呀？"

"哇！胡夫法老的干尸说话了，吓死人啦！"小双本就胆战心惊的，一听棺材里传出声音，吓得转头就跑。阿里巴巴一把拉住了小双："别害怕！我过去看看。"

阿里巴巴噌的一声抽出了腰间的弯刀，大声问道："你是什么人？敢躺在石棺里装神弄鬼，快给我出来！不然的话，别怪我的弯刀不认人！"

"别，别，别动武！我是活的！"只见一个干瘦的埃及老头慢慢从石棺里坐起。小双一看石棺里坐起一个老头，吓得跳了起来："哇！你看这个老头，又干又瘦，一定是胡夫的干尸活啦！"

  阿里巴巴一个箭步蹿了过去，把弯刀架在老头的脖子上，喝问道："你到底是什么人？快说！"

  埃及老头吓得直哆嗦："我……不是坏人……只不过……我年轻时干过几年……盗墓的行当。"

  阿里巴巴收起了弯刀："是退休的盗墓贼！你这次

来，偷着什么啦？"

"这金字塔被盗了几千年了，现在什么也没有了，我只是在石棺里找着这么一张纸条。"老头颤颤巍巍地从石棺里拿出一张纸条。

大双接过纸条一看，兴奋地说："纸条上画有飞碟的记号，这是外星人出的第四道题！"

"快念念。"

大双念题："小双想从百米跑道的起点走到终点。他前进 10 米，后退 10 米；再前进 20 米，后退 20 米。就这样，小双每一次都比前一次多走 10 米，又退回来。这样下去，他能否到达终点？"

小双听了题目，来劲了："怎么？外星人出的题目里还有我小双呀！看来，我小双名扬宇宙啊！可是题目里说我一会儿前进，一会儿又退了回来，我小双没事瞎折腾啊？"

"哈哈！外星人都知道你小双爱折腾！"大双和阿里巴巴大笑。

阿里巴巴琢磨这道题："小双一会儿前进，一会儿又退了回来，他这样走，永远走不到终点呀！"

小双也说："我是白折腾！"

大双却说："不，小双不是白折腾，他可以走到终点。"

阿里巴巴挠了挠头，说："这怎么可能呢？"

"小双走到第十次就可以到达终点。小双第一次前进 10 米，退回到起点；第二次再前进 20 米，又退回到起点；虽然这样，可他第十次是前进了 100 米就走到了终点，这样小双就没必要再退回来了。"

小双竖起大拇指："说得对！看来，我小双没有白折腾，我第十次终于走到了终点。"

"可是胡夫的墓室里怎么会空无一物呢？连干尸都没有。"小双显得十分失望。

大双忽然想起什么似的，转头问那老头："既然这座金字塔里什么也没有，你躺在石棺里干什么？"

小双一瞪眼睛："你是不是想装干尸吓唬人？"

数学高手

蜗牛爬井问题

故事中的题目可归为"蜗牛爬井问题"。题目中的条件不变，我们还可以问"小双要走多少米才能到达终点？"

小双前进一次和后退一次是一个回合，都在起点。既然第一次前进 10 米，第二次前进 20，以此类推，就是第 10 次可到 100 米跑道的终点（不用再跑回）。所以，（10+20+30+40+50+60+70+80+90）×2+100=1000（米）。

试一试

一只蜗牛想爬出 7 米深的井，它白天向上爬 3 米，夜里向下滑 1 米。请问蜗牛几天能爬出井？

老头摆摆手说："不，不，我没那么坏。我只是想体验一下 18 世纪法国皇帝拿破仑的感受。"

"奇怪了，你躺在石棺里和拿破仑有什么关系？"小双弄不明白。

"嘻，这你就有所不知了。"老头慢吞吞地说，"这是一段真实的历史。18 世纪，法国皇帝拿破仑带兵攻占了埃及，他来到这间法老胡夫的墓室。不知是什么原因，他决定单独一个人在这间墓室里待上一夜。"

小双惊呼："哇！拿破仑好大的胆子，敢一个人在这里过夜！"

老头左右瞄了瞄："这里除了石棺，什么也没有。我想，拿破仑一定是睡在这口石棺里的。"

"后来呢？"

老头说："既然拿破仑敢在这里睡，我为什么不敢？于是，我也想睡在石棺里，尝尝是什么滋味。"

大双插嘴说："你知道拿破仑在这个石棺里睡了一夜

后，感觉如何呢？"

老头神秘地说："据说第二天早上，他浑身发抖，脸色苍白地走出了墓室。至于这一夜墓室里发生了什么，他始终没说。"

阿里巴巴叹了口气，说："唉，又是一个千古之谜！我说老先生，这么恐怖的地方，你也敢躺下睡觉？"

老头笑了笑："我也是走累了，想躺在石棺里休息一下。另外，顺便看看金字塔里还有没有没被发现的藏宝地点。"

小双听完拿破仑的故事，背脊发凉，总觉得这里阴森森的，直想赶紧离开。他嚷道："这里不好玩，咱们赶紧走吧！"说完拉着大双和阿里巴巴就往外走。

阿里巴巴提醒说："一般盗墓贼都不是一个人，咱们还要留神他的同伙！"

7. 走进了岔路

大双问阿里巴巴："看完了王殿，该去哪儿了？"

阿里巴巴用手往上一指："应该到金字塔的塔顶上去看看。站在塔顶，周围风光一览无遗。"

听说要到塔顶，盗墓的老头连忙跑过来阻拦："金字塔的塔顶可是去不得呀！"

"为什么？"大双不明白。

老头紧张地说："金字塔塔高约146米，共有201层。有些游客冒着生命危险爬到顶端，刻下自己的名字。可你知道吗，不知有多少人掉下去摔死了。"

小双有点不相信，说："你不是在吓唬我们吧？"

老头十分认真地说："据书上记载，在1581年，一位好奇的绅士爬上了顶端，因为眩晕从顶端掉了下去，摔得粉身碎骨，连人的形状都看不出来了。"

小双吓得直吐舌头："我的妈呀，太可怕啦！咱们还上吗？"

大双鼓励他说："一定要上！不到长城非好汉，咱们不上到金字塔的顶端也不算男子汉！"

阿里巴巴向老头打听上金字塔塔顶的走法："老人家，从这里上金字塔塔顶怎样走？"

老头往外一指："出了门往右拐。"

"谢谢您！"阿里巴巴、大双和小双谢过了盗墓老头，走出了墓室。

老人见他们执意要上塔顶，叹了一口气："嗐！不听老人言，吃亏在眼前。"

三个人沿着老头所指的方向走了一大段路。这一段道路特别窄，路也高低不平，阿里巴巴觉得有点不对劲。

阿里巴巴停了下来："唉，不对劲啊！这条路怎么坑坑洼洼的，好像很少有人走这条路似的。"

小双也觉得不对劲："咱们是不是上了盗墓老头的当了？"

突然，大双大叫一声："看！墙上有张纸条。"大家仔细一看，果然墙上有张纸条。

大双摘下纸条，看了看："纸条上面画有飞碟的记号，是外星人出的第五道题！"

阿里巴巴催促："快念念。"

大双大声念道："上一次，我们500名外星人来到地球做好事。有一半男外星人每人做了3件好事，另一半男外星人每人做了5件好事；一半女外星人每人做了2件好事，另一半女外星人每人做了6件好事。全体外星人共做了2000件好事，对吗？"

小双摸着头装作非常遗憾的样子说："啊？外星人共做了2000件好事？我怎么一件也没看见啊！"

阿里巴巴笑着说："地球这么大，外星人做点好事，你哪都能看见呀！"

"这道题我知道应该用乘法去做，可是男外星人有多少，女外星人有多少都不知道啊！"小双学老外的样子，耸耸肩，两手一摊表示无能为力。

"不知道也不要紧。由于有一半男外星人每人做了 3 件好事，另一半男外星人每人做了 5 件好事，所以每个男外星人平均做了 4 件好事。"

经过大双的提示，小双有点开窍了："哦，我明白了。女外星人也一样，一半女外星人每人做了 2 件好事，另一半女外星人每人做了 6 件好事，平均每人做了 4 件好事。"

"这样一来，500 名外星人，不管男女，平均每人都做了 4 件好事，总共做了 4×500=2000 件好事。"大双把题做完。

阿里巴巴高兴地说："看来，做 2000 件好事这个答案是对的了。"

小双高兴地跳了起来："哇！我们做出了外星人出的 5 道题了！"

阿里巴巴可没有小双那么高兴："小双你别闹了。看来这条路肯定不是通塔顶的路，咱们还是想法看看怎么出去吧，不能总在这里转悠啊！"

数学高手

平均数问题

已知几个不同的数，通过移多补少的原则，使几个数相等，这个相等的数称为平均数。求解平均数问题，首先要求出总数和总份数，然后总数÷总份数＝平均数，平均数×总份数＝总数。

故事中求出男、女外星人做好事的平均数为 4 件，总份数为 500 人，所以总数为 4×500=2000 件。

试一试

有 A、B、C、D 4 个数，每次选出其中的 3 个数，算出平均数，分别是 23、20、16、13。求原来 4 个数的平均数是多少？

哥儿俩点点头。大双向四周仔细看了看，指着墙上画的一个箭头说："看，墙上画有一个箭头！我想顺着箭头所指的方向走，一定可以走出去。"

三人顺着箭头所指的方向往前走。可是越往前走光线越暗，道路也越走越窄，最后三人只能爬着前进。

小双有点受不了了："这是什么路啊？弄得咱们像狗一样往前爬。"

阿里巴巴摇摇头说："看来这是一个遗留下来的盗洞！"

小双气愤地说："我说一个盗墓贼能给咱们指什么路？"他一抬头，突然"哎哟"大叫一声，原来他不小心碰到上面的洞壁，头上撞出一个大包。

大双一边帮小双揉头上的包，一边说："这个盗洞很可能就是那个老头过去挖的。"

"非常可能。大双哥，不用给我揉了，咱们还是赶紧出去吧！"小双说完带头往外爬，爬着爬着前面突然亮了起来。

阿里巴巴高兴地喊道："好了，咱们快出去了！"

小双挥舞着拳头，叫道："同志们，加油爬呀！胜利就在前面。"

果然，再往前爬一段，他们就爬出了金字塔。

小双刚一爬出来，就像一只小兔子，又蹦又跳："哈，可爬出来了！解放喽！"

大双也出来了，唯独阿里巴巴没有出来。阿里巴巴探出脑袋问小双："小双，你仔细看看，周围有没有人？有没有小四十大盗？"

小双向周围仔细看了看，紧张地叫道："哎呀！阿里巴巴，可不得了啦！金字塔外面人山人海，那些人大部分都披着黑色的斗篷，看不出谁是小四十大盗。"

听了小双的话，阿里巴巴赶紧又往洞里缩了缩，不敢出来。

阿里巴巴在洞里小声说："这么多人，谁敢说这里面没有小四十大盗？我可不敢出去。"

"阿里巴巴愿意在盗洞里趴着，就让他在洞里待着吧！大双，走！咱俩往金字塔塔顶上爬。"小双故意逗阿里巴巴，说完就往前走。

"等等！"大双叫住了小双，"咱们要走就一块走，不能让阿里巴巴一个人留在这儿。"

小双"嘿嘿"一乐："我只是想吓唬吓唬阿里巴巴，咱们怎么能丢下他不管呢！"

"咱们还用老法子。不过，这次让阿里巴巴和我换衣服。"说完大双脱下自己的衣服，让阿里巴巴穿上，他穿上阿里巴巴的阿拉伯长袍。

两人穿上对方的衣服后，都显得很滑稽。小双在一旁拍着手："哈哈，好看，好看！这叫照方抓药！"

8．万能的金字塔？

　　大双、小双和阿里巴巴出了金字塔后，看到金字塔门前人们已经排起了长队。这些人都很奇特：有的人捂着自己的脸痛苦地呻吟，有的人抱着头大声地叫喊，有的背着很大的奶桶，还有的抬着成捆的菜苗……

　　大双诧异地说："这些人是来参观金字塔的吗？参观金字塔怎么还带着奶桶和菜苗？"

　　小双也很奇怪："我去问问。"说完他一溜小跑，来到捂着自己脸的人面前。

　　小双问："看来您是牙痛！您牙痛得这么厉害，为什么不去医院，反而来参观金字塔呀？"

　　这位牙痛病人，捂着腮帮子，十分痛苦地说："小朋友，虽说牙痛不算病，可痛起来真要命！你说得对，牙痛是应该上医院，可是我听当地人说，在金字塔里待上一小时，牙就会不疼了。我来金字塔是来治牙痛的。"

小双伸伸舌头："啊？金字塔可以治牙痛！真新鲜！"

小双又问另一个捂着头的病人："您头痛得直叫唤，怎么还来参观金字塔？"

这个病人说："听人家说，只要在金字塔里待上一小时，我的头就会不痛了。我来金字塔是治头疼的。"

小双又吃一惊："哇！金字塔变成医院了，除了能治牙痛，还可以治头痛！真新鲜！"

小双跑到背奶桶的人面前："您能背着这么大一桶牛奶，身体一定很棒，肯定没病。您背这么多牛奶，是准备在金字塔里卖吗？"

背牛奶的人摇摇头说："金字塔里是不许卖东西的。听人家说，把牛奶放在金字塔里，即使过上好几天，牛奶也能鲜美如初。我是到金字塔里冷藏牛奶的。"

"啊！金字塔是特号电冰箱，可以保鲜？"小双吃惊地蹦了起来。

这时抬菜苗的人凑过来主动对小双说："听人家说，把菜苗放进金字塔里，它的生长速度是外面的4倍，叶

绿素也是外面蔬菜的 4 倍。"

"什么？金字塔是现代蔬菜生产基地！这怎么可能？我晕了！"小双听到这么多新闻，脑袋有点晕，要不是阿里巴巴扶了他一把，说不定就要倒在地上了。

阿里巴巴也不太相信，他对小双说："这都是一些传说，你别信以为真。"

突然，远处传来急促的马蹄声。马蹄声由远及近，可以听出是一群马奔驰而来。

大双竖起耳朵，警惕地环顾四周。他对阿里巴巴说："听，马蹄声！是不是小四十大盗又回来找你来啦？"

听说小四十大盗来了，阿里巴巴立刻慌了神，他一挥手："快！咱们快往金字塔塔顶上爬，小四十大盗的马爬不上金字塔！"

大双、小双也有点害怕，赶紧跟着阿里巴巴往金字塔上爬。不知为什么，小双落在了后面。

阿里巴巴催促说："小双，快往上爬呀！"

小双气喘吁吁地说："唉，我的晕劲儿还没过去呢！"

　　三个人刚爬上十几层台阶，小四十大盗已经来到金字塔下。

　　小四十大盗的老大卡西拉往上一指："看！阿里巴巴正往金字塔上面爬呢，快下马往上追！"

　　40名大盗齐刷刷下了马，又刷的一声一起抽出了腰间的弯刀，大喊一声："追！"接着像一群恶狼似的朝三人追来。

　　小双哪见过这种阵势，头上的汗直往下冒，腿也抬不起来了。

　　小双忽然想起什么似的，问："阿里巴巴，金字塔每层有多高啊？"

　　阿里巴巴有点奇怪："你问这干吗？——每一层大约有1.5米高。"

　　小双已经累得上气不接下气了，听说每一层大约有1.5米高，干脆一屁股坐在台阶上不爬了："哇噻！我才1.55米，这一层台阶就有1.5米高，我需要跳着往上爬，累死我了！你俩往上爬吧，我是爬不动了！"

再看小四十大盗，他们爬起金字塔来如履平地，不一会儿就追上来了。

小四十大盗齐声高喊："阿里巴巴，化了装也认得你！看你往哪里逃？"

阿里巴巴紧张地回头一看："糟糕，他们追上来啦！"

正在这时，半空中突然飘下一张纸条，落在小双的头上。

大双指着纸条喊："小双小双，有张纸条掉你头上了！"

小双伸手拿下纸条，看了一眼后把手一举："纸条上面还画有飞碟的记号，是外星人出的第六道题！"

说也奇怪，听到"外星人"三个字，小四十大盗像听到了什么命令似的全都愣在那里，不动了。

小四十大盗中一个特别瘦小的强盗惊恐地说："啊？外星人？外星人出的题！"

小双感到奇怪："怪呀，怎么小四十大盗听到外星人就不追了？"

大双想了想："可能小四十大盗怕外星人。"

"有理！"小双有点兴奋，"小四十大盗既然怕外星人，肯定也怕外星人出的数学题了！"

大双双手一拍："说得对！咱们解出外星人出的第六道题，肯定有用。"

阿里巴巴在一旁催促："快念题！"

大双为了让小四十大盗也能听见，成心大声念道："在你们刚刚爬出的盗洞里藏有3支枪和64颗子弹。把64颗子弹放进3支枪里，要使每支枪里的子弹数都带8，并且每支枪里的子弹数都不一样。如果放得对，就可以用这些子弹消灭任何敌人。"

阿里巴巴直发愣，他自言自语地说："64、3、8，这3个数有什么关系？"

小双满有把握地说："当然有关系了！"

"有什么关系？"

"大双一看就知道。"

阿里巴巴把嘴一撇："说得气壮如牛，我还以为你知道这3个数的关系呢！"

大双说："64和8都是子弹的数目，先从这两个数考虑。比64小、带8的数一共有6个——8，18，28，38，48，58。题目要求从这6个带8的数中选出3个，使这3个数的和恰好等于64。"

小双先用左手拍了一下前脑门，又用右手拍了一下后脑勺，马上答道："这个我会！由于 8+18+38=64，所以，3 支枪里的子弹数分别是 8 颗、18 颗和 38 颗。"

大双一拍小双的肩膀："你这前拍后拍还真管用，就是这 3 个数。"

小双冲阿里巴巴做了一个鬼脸："嘿，我一拍就知

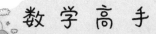

数学高手

拆分数

做拆分数的题目，首先要仔细观察分析，找出符合题目要求的所有数，如故事中找出比 64 小、带 8 的数，一共有 6 个：8、18、28、38、48、58。再根据条件尽量缩小选数的范围，然后通过试验、验算找到答案。

试一试

有 5 个数的和为 40，每个数都含"6"，请写出这个求和的等式。

道吧！"

听了题目的答案，卡西拉倒吸了一口凉气："不好！我们才40个人，他却有64颗子弹，送咱们一人一颗子弹，还多出24颗哪！"

小四十大盗中一个胖胖的强盗说："妈妈呀，咱们当中肯定有人至少中两颗子弹。我胖，我准吃两颗枪子！"

卡西拉一挥手，高喊道："弟兄们，他们手中有枪，快撤！"随着一阵杂乱的马蹄声，小四十大盗走远了。

小双高兴得差点跳了起来："好险哪！这下好了，小四十大盗全吓跑了！"

阿里巴巴抹了一把头上的汗："我的妈呀！又过了一关。"小双不干了："我说阿里巴巴，你说带我们找10道外星人出的数学题，说把题目解出来，外星人就带我们去火星玩。可是咱们在金字塔里转了一大圈，除了一个盗墓的干瘪老头，什么宝贝也没看见。数学题也只找到6道，还差点让小四十大盗给杀了！我不跟你玩了！"

阿里巴巴笑嘻嘻地说："小双，胡夫金字塔因为来的人多了，好东西都被盗墓贼偷光了。我带你们俩去一座还没被发掘过的坟墓，听说，那里面净是好宝贝！"

小双一听来精神了，把手一挥："那还等什么？咱们快走吧！""慢着！"大双问，"阿里巴巴，咱们在胡夫金字塔只找到外星人留下的 6 道数学题，现在到别的坟墓去，剩下的 4 道数学题还能找到吗？"阿里巴巴飞身上了他的毛驴，右手一拍胸脯："没问题！包在我身上了，肯定能找到，你们俩快跟我走吧！驾！"他左手在驴屁股上猛拍了一把，毛驴往前一冲，撒腿就跑。

小双也赶紧拉过单峰骆驼，招呼大双："哥，快上骆驼！"

9. 恐怖的诅咒

阿里巴巴骑着毛驴，沿着尼罗河一个劲地往前赶，

大双和小双合骑一头骆驼紧紧跟在后面。途中他们经过一处集市。集市非常热闹，人来人往，有卖吃的、卖穿的，还有卖工艺品的，最吸引大双和小双的是卖古董的。小双好奇地看着这一切，突然一个埃及老人面前摆放着的一堆古旧树叶，引起了小双的注意。他溜下骆驼，跑了过去。

小双翻动着这些古旧树叶，突然大喊一声："快来看，这里有飞碟记号！"

"有这等事？"阿里巴巴和大双一听赶紧跑过来。

"这应该是外星人留下的第七道数学题。"大双跑过来一看，却傻眼了：树叶上画了许多不认识的奇怪符号（图7）。

图7

小双问埃及老人："您认识树叶上的这些符号吗？"

"当然认识。"埃及老人说，"这可不是树叶，这是埃及著名的'纸草书'。'纸草'是尼罗河三角洲出产的一种水生植物，形状像芦苇，把它晒干刨开，摊开压平后可以在上面写字。4000 年前的古埃及人就把它当纸用。"

"您快说说这上面的符号是啥意思吧！"小双非常着急。

"这是古埃及的象形文字。最左边的 3 个符号表示的是'未知数'、'乘法'和'括号'；第 4 个符号是 3 根竖线，表示 3；第 5 个符号'小鸭子'表示'加号'；第 6 个符号上半部分的'⌒'表示 10，再加上下面的 2 根竖线，表示 12；第 7、第 8、第 9 个符号连在一起表示括号和等号，最右边的符号表示 30。"

根据老人的翻译，大双列出了一个方程：

$$x \cdot (3+12) = 30$$

"这个方程我会解。"小双自告奋勇解起来：

$$15x = 30$$

$$x = 2$$

　　"未知数 x 等于 2。"小双解完后不以为然地说，"这外星人数学水平也不高啊，怎么出的题这么简单呀！"突然，大双无意中发现人群里有一个人特别像小四十大盗的成员，他悄悄对阿里巴巴耳语了几句。"啊！"阿里巴巴大吃一惊，飞身上了毛驴，在驴屁股上猛拍了两掌，"你们俩还不快走！我可先走了，驾！"毛驴一激灵，飞快地往前奔。大双、小双也上了骆驼，猛追了上去。

　　阿里巴巴边跑边往后看，跑出去好远，他才让毛驴放慢了脚步。这时，大双和小双才有时间观看沿途的景色，一路上看到了许多大大小小的古墓。

　　小双奇怪地问："阿里巴巴，这里怎么有这么多古墓？"

　　"咱们进入了有名的帝王谷了。这里分布有 64 座帝王墓，咱们要找的图坦卡蒙墓就在这里面。"

　　说也奇怪，阿里巴巴进入帝王谷后并没有仔细寻找图坦卡蒙墓，而是领着大双、小双这里转转，那里转转，把哥儿俩都转晕了。

数学高手

列方程解方程

做列方程解方程的题目，找出未知数设为 x，根据已知条件找出等量关系，列方程。解方程的步骤为：

（1）去分母：在方程两边都乘以各分母的最小公倍数;（2）去括号：先去小括号，再去中括号，最后去大括号;（3）移项：把含有未知数的项都移到方程的一边，其他项都移到方程的另一边，注意移项要变号;（4）合并同类项：把方程化成 $ax=b(a\neq0)$ 的形式;（5）系数化成1：方程两边都除以未知数的系数 a，得到方程的解 $x=\dfrac{b}{a}$。

如本故事中的方程 $x(3+12)=30$，求解时，按照求解步骤，没有分母，第一步省略，按照第二步去括号，计算出括号里的 $3+12=15$。该题不需要移项和合并同类项，直接按第五步算出结果。

试一试

解方程：$5(x+1)=10(x-1)$

　　小双有点生气了："我说阿里巴巴,你没毛病吧?你怎么带着我俩转个没完了?"

　　阿里巴巴停下来,环顾四周,压低声音说:"是这样,表面上看好像小四十大盗被我们甩掉了,实际上他们并没有被我们落下,有可能在后面偷偷跟着咱们哪!我是要通过转圈甩掉他们。"

　　在一座很大的古墓前,阿里巴巴飞快地下了毛驴,招呼大双、小双赶紧下骆驼。他把毛驴和骆驼拴在石桩上,左手拉起小双,右手拉着大双,说了声:"快走!"猫着腰撒腿就跑。

　　一阵狂奔之后,三人在一堆沙丘前停下。大双抹了一把头上的汗,问:"阿里巴巴,小四十大盗为什么总是跟着你?"

　　"唉!"阿里巴巴先叹了一口气,"小四十大盗跟着我,一方面是找我报仇,更主要的是想跟踪我,通过我找到图坦卡蒙墓。他们知道图坦卡蒙墓中有许多价值连城的宝贝。"

　　小双着急地说：“嘿，那可不成！这些宝贝可不能让他们拿到！”

　　阿里巴巴脸色凝重地点点头，然后弯下腰从沙子里找出三把铁锨，对大双、小双说：“这是我藏在这里的铁锨，咱们赶紧挖沙丘吧！”三个人挥舞着铁锨，挖了有一个多小时，终于挖到一扇门。

　　阿里巴巴忙招呼大双、小双停下，悄声对他们说：“就是它！”说完推开门，里面漆黑一片。大双打亮手电，首先看到的是一块石板，石板上刻有古埃及的象形文字。阿里巴巴认识象形文字，他念道：“无论是谁，只要打扰了图坦卡蒙国王的宁静，死神就会与之相伴。”

　　小双听完，大叫：“哇！可怕的诅咒！我可不想和死神做伴。”

　　大双用手电照了照，看到前面不远有扇门，门是关着的，门上写着古埃及的象形文字，旁边有一个摇把。

阿里巴巴念道："把摇把摇⊙下，门可打开。"

"这⊙下是多少下呢？"大双紧皱眉头，"这周围应该有什么提示吧！"想到这，大双拿手电在门周围仔细照了照，没发现任何线索。

大双转过身，拿手电一晃，突然大叫起来："看！飞碟符号！"

原来飞碟符号画在写着诅咒话语的石板后面，符号下面写着："有 4 个数，其中每 3 个数相加得到的和分别是 31、30、29、27。⊙是这 4 个数中最大的一个。"

小双高兴地说："这是外星人留下的第八道数学题。"

大双想了想，说："把题目给出的 4 个和数相加，结果是 31+30+29+27=117。"

小双问："这个 117 代表什么呢？"

"题目中没有给出 4 个数具体是多少，只告诉这 4 个数中的每 3 个数都要相加一次。小双你说说，每一个数都加了几次？"

"我想想啊！"小双说，"比如说，这 4 个数是 a、b、c、d。4 个数每次取出 3 个相加，一共有 4 种不同的结果，即 a+b+c，a+b+d，a+c+d，b+c+d，也就是说，每一个数都加了 3 次。"

"对！每一个数都加了 3 次。也就是说，117 是这 4 数和的 3 倍。117÷3=39，这 4 个数之和是 39。"

"往下怎么做？"

"既然 39 是 4 个数之和，用 39 减去 3 数之和中的最小数 27，所得的一定是这 4 个数中的最大者。因此，最大的数是 39−27=12。"

寻找外星人

数学高手

组合问题

做两类物体的组合问题时，可以先在第一类物体中选一个，分别与第二类物体搭配，直到第一类物体全部与第二类物体搭配完为止。做多类物体的组合问题时，可以先在第一类物体中选一个，分别与其他几类物体搭配，直到第一类物体全部与其他几类物体搭配完为止。然后再从第二类物体中选一个，分别与剩下的几类物体搭配（注意，此处不要再与第一类物体搭配），直到第二类物体与后面几类物体搭配完。依此类推，直到所有物体全部搭配完为止。

试一试

3个颜色不同的球放入3个不同的盒子中，要求盒子不能空，共有多少种分法？

大双刚算完，小双就快步跑到门前，双手握住摇把用力摇了起来："1，2，3……"

小双使尽了吃奶的力气，摇了12下摇把，只听"轰隆"一声响，图坦卡蒙国王墓的大门打开了。

墓里面漆黑一片。"我看看墓里有什么宝贝。"小双夺过大双的手电筒，一个箭步就蹿了进去。小双往左边一照，"哇！"地尖叫了一声，接着往右边一照，又"哇！"地尖叫了一声。

小双的两声尖叫，把阿里巴巴和大双吓了一大跳。他俩赶紧跑了进去，这时小双已经吓得动不了啦。大双向左一看，看到那里站着一个人；向右一看，一个一模一样的人也站在那儿，两个人面对面站着。

　　大双也有点儿害怕，他捅了一下阿里巴巴："这墓里有人！"

　　"不可能！"阿里巴巴仔细看了看，"这是守墓的，是假人。"

　　大双用手电筒仔细看了看这个假人，发现假人是用木头做的，"皮肤"是黑色的，身穿金裙，脚穿金鞋，手握权杖，头上盘着一条可怕的眼镜蛇。

　　大双摸了一下权杖，突然盘在假人头上的眼镜蛇嘴一张，一张纸条飘飘悠悠从眼镜蛇嘴中落了下来。

　　大双一眼就看到了纸条上画有飞碟记号："看！飞碟记号！"

　　大双这么一喊，把小双惊醒了。他懵懵懂懂地说："什么……什么飞碟记号……"

　　阿里巴巴摸了摸他的脸说："可怜的小双，那是个假人！"

　　小双这才彻底清醒了过来。他抢过纸条，高兴地说："咱们找到了外星人留下的第九道题了！大双哥，快念题。"

大双大声读："我准备了 3 堆珍珠，每堆珍珠数都一样多，珍珠有黑、白两种颜色。第一堆里的黑珍珠和第二堆里的白珍珠一样多，第三堆里的黑珍珠占全部黑珍珠的 $\frac{2}{5}$。把这 3 堆珍珠集中在一起，如果小双能算出黑珍珠占全部珍珠的几分之几，我就把这些黑珍珠都送给小双。"

小双瞪大了眼睛，自言自语地说："我的妈呀！死了快 3000 年的图坦卡蒙国王，还知道我小双，还送给我珍珠？大双哥快帮帮忙。"

大双说："图坦卡蒙国王是让你算的。"

小双把手一摊："可是我不会算呀！"

大双想了一下，说："虽然珍珠数不知道，由于第一堆中的黑珍珠与第二堆中的白珍珠数目一样多，可以把第一堆里的黑珍珠和第二堆里的白珍珠对换一下，使得第一堆全部是白珍珠，第二堆全部是黑珍珠，它们各占

全部珍珠数的 $\frac{1}{3}$。"

"好主意！"小双高兴地拍了一下大腿，"这样一来，问题就简化了。可是，往下我还是不会做呀！"

阿里巴巴摸着小双的头，笑着说："你一惊一乍的，我还以为你会解呢！结果还是卡壳了。"

大双说："这时，第一堆里全是白珍珠了，第二堆里全部是黑珍珠，又已知第三堆里的黑珍珠占黑珍珠总数的 $\frac{2}{5}$，那么第二堆里的黑珍珠就应该占黑珍珠总数的 $1-\frac{2}{5}=\frac{3}{5}$。"

"求出这个有什么用呢？"小双还是不明白。

"由于 3 堆珍珠数都一样多，第二堆里的黑珍珠就占全部珍珠数的 $\frac{1}{3}$。"大双耐心解释，"这样就可以用'已知部分求全体'的方法，求出黑珍珠占全部珍珠的多少，即

$$\frac{1}{3} \div \frac{3}{5} = \frac{5}{9} \text{。}''$$

数学高手

已知部分求整体

　　做已知部分求整体的题目，首先要根据题目得出部分在整体中所占的分率，然后再用除法：部分÷部分量所占的分率＝整体量。如故事中知道第二堆的黑珍珠是总数的 $\frac{1}{3}$ ，所占分率是全部的 $\frac{3}{5}$ ，所以整体就是： $\frac{1}{3} \div \frac{3}{5} = \frac{5}{9}$ 。

试一试

　　小明读一本故事书，3 天看了 50 页，已经看了全书的 $\frac{2}{5}$ ，请问整本书有多少页？（提示：全书看作"整体"，已经看的是"部分量"， $\frac{2}{5}$ 就是"部分量所占的分率"。）

大双接着说:"最后答案就是黑珍珠占全部珍珠的$\frac{5}{9}$。"

阿里巴巴一伸大拇指:"棒! 大双分析得头头是道!"

小双点点头:"图坦卡蒙国王说送给我黑珍珠,可是这些黑珍珠在哪儿呢?"

阿里巴巴向里面一指:"肯定在他的棺材里。"

"啊!"听到"棺材"两个字,小双的脸又吓白了。

等小双缓过点劲儿,三个人在黑暗中又摸索着往前走。突然,小双摸到一个毛茸茸的东西,"啊"的一声,他又是一声尖叫。

阿里巴巴忙问:"又怎么啦?"

大双用手电筒一照,先看到了一张桌子;再往上照,看到桌子上蹲着一只像狼一样的动物。

"狼……狐狸……"小双已经吓得不知说什么好了。

阿里巴巴搂住小双,安慰说:"不要怕! 它是古埃及神话中的胡狼之神阿努比斯,你看它的耳朵又尖又长。

那张桌子是祭坛，它蹲在祭坛上是守卫图坦卡蒙国王陵室的入口。"

大双想搬开祭坛进入陵室，可是使出吃奶的劲，也没挪动祭坛一下。大双泄气地盯着祭坛，突然，他看到祭坛侧面写了许多字。

阿里巴巴念道："如能把下图中★处的数填出来，你

就能顺利进入陵室。"

1   6   2   5   4   8

142   188   ★

3   5   4   7   6   1

小双琢磨了一下，没理出什么头绪，转头问大双："大双哥，这题应该怎样做？"

大双想了想，说："这里有三组数，要找出每组数之间的关系和规律。"

"对！"小双说，"每组数中，中间的数是个三位数，而四个角上的数都是一位数。光用加减法不成，必须用乘除法。"

大双在纸上演算了一会儿，高兴地说："规律找到了！"接着写出：

$$(1 \times 1 + 6 \times 6 + 3 \times 3 + 5 \times 5) \times 2 = 142$$

$$(2 \times 2 + 5 \times 5 + 4 \times 4 + 7 \times 7) \times 2 = 188$$

小双点点头："中间的数，等于四个角上的数自乘后相加再乘以 2。我来算算★等于多少。"接着小双在纸上写出：

$$\bigstar = (4 \times 4 + 8 \times 8 + 6 \times 6 + 1 \times 1) \times 2 = 234$$

"★应该是234，我把它填上。"小双刚想填，突然想起什么似的停住了，"哎，这道题是不是外星人出的第十道题？"

"对呀，我怎么没想到？我来找一找，看有没有飞碟的记号。"大双拿着手电筒在祭坛的周围仔细寻找。

无意中，大双看见阿里巴巴在祭坛一面用手摸了一下，然后又听到他说："看，这里有一个飞碟的记号。"

大双、小双过去一看，果然有一个飞碟的记号。

"没错！是外星人留下的最后一道题。"小双把234填到★处，只听轰隆一声，祭坛自动转到了一边。

数学高手

找规律

做寻找数组规律的题目，要多看，多想，从不同的角度寻找各个条件之间的关系，如找出每组数之间的关系，或者组与组之间的关系。

做此类题，一定要细心，大胆尝试，动笔又动脑。

试一试

找出数组的规律，把图中＊处的数填上。

5	4	4	3	2	5
	240		504		＊
2	6	6	7	3	6

11. 飞向火星

　　祭坛移开后，三人相继进入了图坦卡蒙国王的陵室。一进入陵室，他们首先看到的是一口石棺，石棺的下面是一尊女神像。女神张开双臂和双翅托住棺材，像是防止有人来侵犯的样子。

　　三人轻手轻脚地走近石棺。阿里巴巴双手合十，嘴里默念了几句，然后敬畏地打开石棺。三人屏住呼吸，只见眼前金光一闪，定睛往里一看，哇！里面是一口纯金制造的棺材（后来他们称了一下这口金棺，竟有111千克）。再往里是图坦卡蒙国王的金像，金像做得十分精细，双手交叉，分别拿着象征王权的节杖和神鞭。

　　大双和小双惊叹地看着这一切，不知用什么词来形容才好，只知道不停地说："太漂亮了！太漂亮了！"

　　他们在陵室里转了一圈，看见了许多由黄金、象牙做成的珍贵文物和稀世珍宝，仅在棺材里的各类宝石就

有 143 块。

正当他们陶醉于这些无价之宝时，忽听到陵室外面有喊声传进："阿里巴巴，快出来，快把里面的宝贝交出来！""不交出来，我们就冲进去，把你们全杀了！"

空气立刻变得紧张起来。小双恨恨地说："可恶的小四十大盗！阿里巴巴，他们把我们包围了，怎么办？"

大双从架子上拿下一杆长矛："咱们冲出去，和他们拼了！"

阿里巴巴微笑着摇摇头："他们进不来。小四十大盗非常迷信，当他们看见石板上的咒语，会立刻吓跑的。"

小双焦急地问："可是，如果小四十大盗总围着不走怎么办？我们会饿死的！"

大双突然想起一个问题："我们已经解出了外星人留下的 10 道数学题，外星人怎么还不带我们去火星上玩啊？"

小双也气嘟嘟地说："就是啊，我们全部找到并做出了外星人留下的数学题，可外星人现在在哪儿都不知道！"

"跟我来！"阿里巴巴嘴角闪过一丝笑意，走到一面墙前用手轻轻推了一下。说也奇怪，墙居然应声开了一扇门。阿里巴巴闪身走了进去，大双、小双也跟了进去。

里面光线十分昏暗，大双、小双跟着阿里巴巴七拐八拐来到一个地方。阿里巴巴推开一扇门，就到了外面。

大双和小双走出去，立刻被眼前的景象惊呆了。也不知什么时候，阿里巴巴脱掉了老羊皮袄，换上了一身宇航服。前面不远的地方耸立着一架高大的火箭，上面有一艘宇宙飞船。

小双吃惊地问："阿里巴巴，你怎么变成宇航员了？"

阿里巴巴笑着说："我本来就不是阿里巴巴，我就是你们要找的外星人。"

"噢——"小双有点明白，"我们找到的 10 道题都是你出的，怪不得题目里有我和大双呢！"

大双也回忆起来："祭坛上的题目原本没有飞碟的记号，你用手摸了一下，立刻就出现了飞碟的记号，我当时就觉得奇怪。"

　　"走吧！10道题都做出来了，我要履行诺言，带你们到火星上去玩一趟，快上宇宙飞船。"外星人带着他俩登上了宇宙飞船。

　　火箭启动了，在巨大的轰鸣声中，火箭带着宇宙飞船，飞向了太空。

　　大双和小双同时向地面招手："再见了地球！我们还会回来的！"

奇妙的数王国

1. 梦游"零王国"

　　小毅睡得正香，忽然被一阵"零零"的声音吵醒。他翻身起床，往外一看，呦，外面还黑乎乎的。是床头的闹钟在响吗？不！这"零零"的声音十分好听，分明是从屋子外面传来的。听，还响着呢。

　　他穿好衣服，走出家门，顺着声音找去。咦，家门口出现了一座巨大的椭圆形宫殿。宫殿里灯火辉煌。"零零"的声音正是从宫殿里传出来的。小毅正伸头往里探望，忽然里面连蹦带跳地跑出来一个小孩。小毅一看，忍不住扑哧一声笑了。这个小孩长得多怪呀，鸭蛋形的脑袋，一根头发也没有，就像个阿拉伯数字"0"。

　　小孩很有礼貌地对小毅说："欢迎你到我们零王国来做客。"

　　小毅不由得一愣。零王国？只听说有英国、法国，从没听说有什么零王国。小毅正要问个明白，小孩说："我叫王小零。我带你去见见我们的零国王，好吗？"

　　零王国还有国王呀。小毅十分好奇，就跟着王小零一同走进了椭圆形的大门。

　　一路上，小毅见到的人都跟王小零一样，长着鸭蛋形的脑袋，都不长头发。小毅忍不住问："王小零，你们这里的人为什么脑袋都是光秃秃的？"

　　王小零笑着说："我们这里是零王国，所有的人都是零，因此我们的脑袋都长得像个阿拉伯数字 0。"

　　小毅问："女的也是光头吗？"

　　王小零说："你们那里有男有女，如同别的整数那样，有正的，也有负的。我们零王国可没有这个区别，所有的成员都是零，既不是正数，又不是负数。"

　　原来是这样，小毅点了点头。王小零已经把他带到一间椭圆形的屋子前面，摆了摆手说："先请你参观一下我们的宿舍。"

小毅走进宿舍一看，里面全是上下两层的双人床。好些零王国的居民都在上铺休息，下铺却一律空着。小毅奇怪地问："为什么大家都睡上铺，把下铺全空着呢？"

王小零说："这上铺床板，是一条分数线。我们只能在分数线上面休息，躺在分数线下面就坏事了。你知道这是什么缘故吗？"

小毅想了想，才恍然大悟。他说："我知道了，这是因为在四则运算中，零不能做除数，不能做分母。"

王小零笑着说："你说得对。如果让我做分母，分子却不是我们的同类，比如说是 2 吧，$\frac{2}{0}$ 会得出什么结果呢？设 $\frac{2}{0}=a$，那么 $2=0 \times a$。因为任何数乘 0 都得 0，不会得 2，所以 a 是不可能存在的，假设的也就没有意义了。如果分子也是我们同类，就成了 $\frac{0}{0}$。设 $\frac{0}{0}=b$，那么 $0=0 \times b$。在这个式子里 b 是什么数都成，$\frac{0}{0}$ 到底是什

么数，也就不能确定。就因为零不能当分母，所以我们都得遵守一条规定，不得独自躺在分数线下面。"

数学高手

神秘的数字"0"

0是一个重要的数字，是人类伟大的发现之一。0的数学性质有以下几点：

（1）0是自然数，它既不是质数，也不是合数；

（2）0既不是正数，也不是负数，没有相反数，绝对值是它本身；

（3）0乘以任何实数都等于0，加上任何实数等于实数本身；

（4）四则运算中，0既不能做除数，也不能做分母，没有倒数。

试一试

$60 \times 2 \times 0 + 50 + 0 + 5 = ($ 　　　$)$

他们参观了宿舍后，来到一座华丽的宫殿里。小毅看到正中的宝座上坐着零国王。他看上去年龄很大了，可不长胡子，鸭蛋形的脑袋上也没带王冠。

小毅向零国王鞠了个躬。零国王很客气地说："欢迎你到我们零王国来做客，通过这次访问，你对我们的居民将会有进一步的认识。"

小毅说："对呀，方才王小零就让我长了不少见识。"

零国王忽然想起了什么，态度变得严肃起来："可是有些孩子对我们的重要性认识不足，认为零就等于'没有'。这简直是对我们的莫大侮辱！他们只知道孙悟空能耍金箍棒，叫它大就大，叫它小就小，不知道我们零也有这样的神通。只要有一个零站在一个正整数的右侧，就能叫这个整数扩大 10 倍，比如 4 的右侧站了一个'0'，立刻就变成了 40。相反，如果碰到纯小数，只要有一个零挤到小数点后面，就能叫它缩小 10 倍，比如在 0.5 中间挤进一个'0'，就变成了 0.05。我们零有这样大的本领，怎么能说等于'没有'呢？"

　　小毅一想，果真是这么回事，就说："这样说来，在有些时候，零还是必不可少的。"

　　零国王得意地笑了。他说："要是没有我们零，数学就没有发展的可能。现代的电子计算机采用了二进位制，从0到9这10个数字中，别的数字都没有用了，只剩下1和我们0。这不就说明了我们零的重要性！现在让王小零带你到各处去参观参观吧。可是有件事你得注意——你只可以跟我们的居民握手，千万不要跟我们的居民拥抱。"

　　小毅奇怪地说："这是为什么？"

　　零国王说："在我们这里，握手就是做加法，拥抱就是做乘法。"

　　小毅一想，倒也是，加号"+"多么像两只相握的手，而乘号"×"，又多么像手臂交叉搭在一起啊！

　　零国王接着说："你跟零握手，就是你加上零，结果还得你自己。你要是跟零拥抱，就等于你跟零相乘，结果你也变成了零，再也回不了家啦。你愿意成为我们零王国的居民吗?"

小毅赶紧摇头说:"我……我……"

零国王笑着说:"我知道你不愿意。王小零,你带客人各处去玩玩吧,好好地送他回家。"

小毅向零国王又鞠了一个躬,随王小零退了出来。

　　他们拐了一个弯儿，走进一间游艺室。许多零王国的居民在这里做游戏，有打球的，有下棋的。小毅看着感兴趣的就是压跷跷板了。跷跷板的一头只有一个零，另一头却坐着七八个零，可两边的重量一样，跷跷板一上一下，玩得挺有劲儿。

　　小毅问王小零："这一头只有一个零，那一头有七八个零，怎么压不住它呢？"

　　王小零笑着说："一个零是零，七八个零加在一起，结果还是零。我们这儿的居民全没有重量，你怎么忘了呢？"

　　小毅也跟他们一起玩儿。他在跷跷板的这一头坐下来，那一头就高高地跷起来了，尽管上去了几十几百个零，也休想把小毅抬高一点点。在零王国里，体重只有二十来公斤的小毅，竟成了超重量的运动员了。

　　忽然，小毅又听到一阵"零零零"的声音，只见零王国的一个居民一边唱着一边张开两臂，朝着小毅冲过来。王小零紧张地对小毅说："坏了，你快跑吧。这个零有精神病，逢人就搂，见人就抱。你要是让他抱住了，不就坏事了吗？"

小毅一听害怕极了，只怕自己变成零。他顾不得跟王小零告别，拔腿就跑，连头也不敢回，只听背后"零零零"的声音却越来越响。他突然被什么绊了一下，"扑通"一声摔倒了，翻身一看，原来还躺在床上。桌上的闹钟闹得正欢，已是起床的时候了。

2．7 和 8 的故事

妈妈给小毅新买了一个塑料的"数学万宝盒"，里面有十个阿拉伯数字 0、1、2……9，有 +、-、×、÷ 四个运算符号，还有一个等号。用这个万宝盒可以摆出好多种四则运算式子，挺好玩的。

小毅非常高兴，边跑边跳边唱。他只顾拿着盒子上下舞动，连两个数字从盒子里掉出来都不知道。

"啪！啪！"两声，数 7 和数 8 掉到了地上。7 和 8 大声喊叫："停一停，停一停，把我俩丢啦！"可是小毅头也不回，随着远去的歌声，一溜烟地跑走了。

"呜呜……摔得我好痛啊！呜呜……把我俩丢下了可怎么办呀？"数 7 躺在地上伤心地哭了起来。

数 8 站了起来，他活像一个不倒翁，拍了拍身上的土，左右晃了晃说："小 7 你别哭了，小毅就是那么毛手毛脚的，他把咱俩丢了也一定着急，咱俩还是赶紧去追他吧。"

数 7 站起来像一根拐棍，脑袋往前探着和身体成 90°角，身体倒是笔直的。他擦了擦眼泪说："那……咱俩就赶紧追吧！"数 7 不会走，他只会蹦。只见他把腿一弯再一直，就向前跳出去一小段距离。数 8 就更惨了，他只会侧着身子左右摇晃，一点一点往前蹭。

没走多远，数 7 已累得气喘吁吁，数 8 光秃秃的脑袋上也布满了汗珠。

咕咚一声，数 7 直挺挺地躺在了地上，喘着粗气："我跳不动了。再说像你这样一点一点往前蹭，什么时候能追上小毅呀？"

数 8 用手抹了一把头上的汗，说："是啊，咱俩得想个办法。"

"嘀嘀……"一辆小汽车飞驰而过，把数 7 吓了一跳。

数 8 望着远去的汽车说："有主意啦！"

数 7 忙问："你有什么好主意？"

"请你用尽平生的力气，撞一下我的腰。"说着数 8

已稳稳地站在那里，等数 7 来撞。

"撞腰干什么？"数 7 犹豫了一下，然后像运动员掷铁饼那样，在地上连转了好几个圈儿，用头猛撞数 8 的腰部。只听"砰"的一声响，数 8 的身体从中间断开了，变成了一个稍大、一个稍小的两个圆圈，两个圆圈在地上一个劲儿地乱转。"哇……"数 7 放声大哭，边哭边说："是我害了你，把你撞成了两个 0。"

"你别怕，过一会儿你再把两个 0 接起来，不又变成 8 了吗！"两个圆圈让数 7 仰面朝天平躺在他们身上。

数 7 高兴地说："这不就变成了两个轱辘的摩托车了？前面还有挡风板，真神气！"

"数 7 你躺稳了，车子要开起来啦！"说着大轮在前，小轮在后，小车飞也似的向前跑去。小车越跑越快，渐渐连小毅的歌声都听到了。

数 7 高兴地举起双手，高喊："我们快追上喽！"

突然，小车被一块石头绊了一下，一连向前翻了几个跟头，数 7 和两个轱辘也摔分了家。前面恰好有一个没有盖盖的下水井，他们一起掉进了下水道里。由于他们重量轻，能浮在污水的上面，随着污水往前漂去。

在黑暗中数7大声喊："小8，小8，你在哪儿？这里真臭，熏死人啦！"

两个圆圈同时向数7靠拢，说："快把我们俩接上。"两个小圆圈被数7接上后，又变成了数8。

数7垂头丧气地说："这下子可完了！掉进这么深的下水道里，永远也别想出去啦，唉！"

数8安慰他说："不要丧失信心，办法总是会有的。"话还没说完，数7和数8被什么东西同时叼出了污水，放到了干的地方。

"吱！吱！"两声尖叫，数7和数8看清楚了，原来是两只小沟鼠。小沟鼠以为是什么好吃的东西，便把他俩从污水中叼了出来。

一只小沟鼠用牙咬了咬数7，数7痛得直掉眼泪。小沟鼠生气地吐了一口唾沫："呸，咬不动，不是什么好吃的，把他们扔回去吧。"

　　另一只小沟鼠不同意，他说："不是好吃的，是好玩的也行啊。咱们去找找眼镜老师，问问他这是什么玩意儿。"

　　"好吧！"两只小沟鼠又叼起数7和数8，飞快地跑了起来，一连拐了好几个弯，到了一个比较亮的地方。数8抬头看了看，这是在一个下水井的下面。阳光透过井盖的小孔照进了井里，一只老沟鼠戴着只有一条腿的老花镜，借着微弱的光线在看书。

　　两只小沟鼠把数7和数8放到了老沟鼠的面前："眼镜老师，你看看这两个是什么东西，有用吗？"

　　老沟鼠扶了扶一条腿的眼镜，仔细看了看说："这是两个数字，一个是7，一个是8。"

　　"数字？"一只小沟鼠高兴地说，"这么说，你可以用他俩教我们学算术喽？"

　　"只有7和8怎么教？至少要有0、1、2……9这十个数才行。"老沟鼠扬了扬手说，"扔了吧，没用！"

　　一听说没用，数8一挺身站起来，对老沟鼠说："你说，你还需要哪个数呢？"

老沟鼠撇着嘴说："要哪个数？我想要一个 0，你有吗？"

"有！"数 8 斩钉截铁地回答。他冲数 7 使了个眼色说："小 7，你再来个照方抓药，用力撞！"

数 7 心领神会，立刻在原地转了几个圈，用头使劲撞击数 8 的腰部，"咕噜噜……"立刻滚出两个 0。

数 7 一手拉着一个 0，神气地对老沟鼠说："你要一个 0，我给你变出两个来！"

"嗯？"老沟鼠赶紧扶了扶眼镜看了一下，他鼠眼一转说，"你是把一个 8 拆成了两个 0，这算不了什么。我要数 1，你有吗？"

数 7 赶紧把数 8 装好，问："他要数 1，怎么办？"

数 8 用手摸了摸自己的光头说："想一想，总会有办法的。"他低头拾起了一根小木棍，左手拿着木棍的一头，让数 7 右手拿着木棍的另一头，摆成了 8-7 的样子。

数 8 问："你看这个算式等于几？"

"等于 1 呀！"老沟鼠说完就后悔了，他立刻改口说："上当啦！我应该说这等于 8 减 7，不说等于 1 就好了。嗯……我还要个 2，看你们怎么办？"

数 8 双手叉腰站好，对数 7 说："小 7，你在我头上拍两下。"

数 7 用手在数 8 的光头上轻轻地拍了两下，噗的一声，数 8 不见了，站在面前的是 3 个 2。数 7 高兴地说："有 2 啦！一下子就变出来 3 个 2。"

"怎么回事？"老沟鼠简直不敢相信自己的眼睛，他问，"怎么一下子数 8 就没了，变出来 3 个 2？"

一个数 2 伸了伸懒腰说："亏你还是个读过书的老沟鼠！8 是个合数，8 本身有 3 个质因数，那就是我们 3 个 2。不信，我们再给你变回去。"说着 3 个 2 站成一排，最左边的 2 伸出右手，拉住最右边的 2 伸出的左手，中间的 2 伸开双手各拉住两边的 2 的另一只手，立刻摆出 $2 \times 2 \times 2$ 的样子，只听噗的一声，又变成了 8。

"真好玩，真好玩。"两只小沟鼠高兴得又蹦又跳。

一只小沟鼠跑近数 7 问："如果在你头上拍几下，你能变出几个质因数来？"

数 7 摇摇头说："多一个也变不出来，因为我本身就是质数。"

老沟鼠把一条腿的眼镜擦了擦，又想出个主意。他对两只小沟鼠说："虽然他俩能变化出各种数字，可是，

数学高手

质数、合数、分解质因数

　　质数是指一个大于1的自然数除了1和它本身外，不能再被其他自然数整除。合数是指除了能被1和本身整除外，还能被其他数整除（不包括0）。每一个合数都可以写成几个质数相乘的形式，这几个质数叫作这个合数的质因数。

　　把一个合数分解质因数，就是把这个合数用质因数相乘的形式表示出来。或者说，把一个合数写成几个质数的连乘积。分解质因数的算式叫短除法，要从最小的质数2除起，一直除到结果为质数为止。分解质因数，要把合数写在等号的左边。

试一试

　　把30分解质因数正确的做法是（　　）。

A. 30=1×2×3×5

B. 2×3×5=30

C. 30=2×3×5

据我观察，这两个数有点儿傻，用傻数是学不好数学的，还是扔了算啦！"

"胡说！"数 7 气急了，大声对老沟鼠说，"我们一点儿也不傻！不信，你出一道最难的题考考我们，看我们会不会做？"

老沟鼠嘿嘿一笑说："你数 8 还可以变成 3 个 2，你数 7 是不能变了。我让你 8 和 7，或者 3 个 2 和 1 个 7，组成一个很大的数，你们办得到吗？"

"这个容易。"数 7 往数 8 的右边一站说，"你看这个数怎么样？"

老沟鼠连连摇头说："87 呀！连 100 都不到，太小太小。"

数 7 轻轻一跳，跳到了 8 的右肩膀上，摆成了 8^7 样子，然后对老沟鼠说："你看这个数大不大？"

老沟鼠有点吃惊，他说："8 的 7 次方，这表示 7 个 8 连乘。别忙，让我算算它有多大。"老沟鼠从床下摸出一个偷来的电子计算器，算起来：

$$8^7 = 8 \times 8 \times 8 \times 8 \times 8 \times 8 \times 8 = 2097152$$

7个8

老沟鼠看着结果一字一句地念道:"是二百零九万七千一百五十二,不大不大。"

数 8 可真有点动气了,只见他举手在自己的光头顶上"啪、啪"连拍两下,噗的一声变成了三个 2,这 3 个 2 和 7 摆成了一个数 $2^{2^{72}}$。

数 7 说:"老沟鼠,你来看这个数大不大?"

"啊!"老沟鼠吃惊地说,"这数都叠罗汉啦!"

数 7 得意地说:"哈哈,怎么样?你算不出来了吧?"

老沟鼠头上开始冒汗了,他说:"谁说我算不出来?先算 2 的 72 次方,也就是 72 个 2 连乘。"他用电子计算器算了好一阵,得出了一个数:

$$2^{72} = 2 \times 2 \times 2 \times \cdots \times 2 \approx 470\cdots\cdots 0$$

72个2　　　20个0

老沟鼠惊呼:"我的妈呀,47 的后面要连写上 20 个 0,

数 学 高 手

乘方运算

乘方实际上是乘法运算的特例，是几个相同数的连乘，如故事中 $2×2×2$ 这样 3 个 2 相乘就是 2 的 3 次方，记作 2^3。乘方的结果叫作幂。

乘方运算可以使数字快速增大，这是乘法、加法等运算不具备的特点，正如故事中的 8^7 一下子变成了二百多万的大数字。

试一试

$3^4 = ($ $)$ $4^3 = ($ $)$

这个数是四十七万亿亿呀！"

数 7 高兴地喊着："老沟鼠，你还没做完哪，快接着算！"

老沟鼠又写出：

$$2^{2^{72}} \approx 2^{\overbrace{4700\cdots\cdots0}^{20个0}} = \overbrace{2×2×2×\cdots×2}^{四十七万亿亿个2}$$

老沟鼠哆哆嗦嗦地说："这需要把 2 连乘四十七万亿亿次呀！妈呀，这么大的数我可算不出来。"

数 8 恢复了原样，对老沟鼠说："不是我们傻，是你笨！"

老沟鼠恼羞成怒，站起身来，目露凶光逼近数 8，大声喊道："不傻就更不能留着你们啦！这个世界只能有我这么一个聪明老沟鼠存在。"没等老沟鼠把话说完，数 7 用身体绊了老沟鼠一下，咕咚一声，老沟鼠栽倒在地上，把那一条腿的眼镜摔出去很远。

老沟鼠趴在地上四处乱摸，嘴里不停地喊："我的眼镜，我的眼镜，没有眼镜我就是个睁眼瞎！"

数 8 趁机往地上一倒，数 7 用脚钩住数 8 的脚，头朝下，头顶着地把身体支起来，非常像一副只有一条腿的眼镜。老沟鼠把这副假眼镜摸到手，赶紧驾到了鼻子上。这时，数 7 的头正好搭在老沟鼠的耳朵上，数 8 横躺在老沟鼠的鼻梁上。

数 8 一声令下，数 7 用牙使劲咬老沟鼠的耳朵。数 8 的身体一伸一缩用力夹老沟鼠的鼻子，老沟鼠疼得满地打滚，高叫："痛死我啦！救命啊！"

数7和数8手拉手撒腿就跑，老沟鼠倒在地上，声嘶力竭地叫喊："快把7和8抓住，我要把他俩咬成碎末！"

两只小沟鼠原来只顾看热闹，听老沟鼠一喊，才如梦方醒。他俩"吱、吱"尖叫了两声，露出利齿向数7数8逃跑的方向追去。数7着急地说："这下可完了！咱俩跑不快，非叫他们抓住咬碎不可。"

"不能认输。"数8坚定地说，"我把腰弯成45°角，你用脚钩住我的脚，用头钩住我的头。"

"好！"数7答应了一声，两个数立刻组合成老鼠夹的模样。两只小沟鼠不认识这是什么，刚要动手摸一摸，老沟鼠在后面大喊："动不得！那是专门打我们用的老鼠夹，快跑吧！"

沟鼠都吓跑了，数7和数8兴奋地又蹦又跳。他俩决定继续往前走，走啊，走啊，又走到一个下水井的下面。

数7望着高高的下水井又发愁了，他说："下水井这么深，咱俩怎么上去啊？"

　　"看我的。"数 8 用力把数 7 托起，顶在头上。数 8 让数 7 用头扣住砖缝，然后他抓住数 7 的身体，像爬竿一样爬了上去。数 8 用脚钩住砖缝，又把数 7 举到头顶……就这样你上一段我上一段，慢慢往上爬，终于爬出了下水道。外面正下着大雨，雨水把他俩身上的污水和倦意一起冲刷掉了。

　　数 7 深情地说："离开了数字弟兄们，我真想他们。"

　　数 8 点点头说："数字弟兄们也一定在惦记着咱俩呢！"

　　"走！不管遇到什么困难，一定要找到咱们的数字弟兄。"数 7 拉起数 8 的手，昂首挺胸坚定地向前奔去。

3. 小数点大闹整数王国

　　山那边有一个整数王国。整数王国中有国王、总理和司令。国王是胖胖的数 0，总理是矮个子 –1，司令是瘦高个儿 1。

　　今天是元旦，又是零国王的 1881 寿辰。零国王是哪天诞生的呢？他是公元元年 1 月 1 日 0 时 0 分 0 秒出生的。既是双喜临门，王国中文武百官都来王宫祝贺。

　　王宫内外张灯结彩，只见零国王高居宝座之上，宫门外整齐地排列着两行祝贺队伍。一行是以总理 –1 为首的文官队伍，跟在 –1 后面的是 –2、–3、–4……他们的个子一个比一个矮；另一行是以司令 1 为首的武官队伍，1 后面是 2、3、4……他们的个子一个比一个高。两行祝贺队伍很长很长，一眼望不到头。

　　三声炮响，庆典开始了。忽然从零国王的宝座下面，钻出一个黑乎乎圆溜溜的小家伙。1 司令拔出宝剑，紧

走几步，上前大喝一声："谁如此大胆，敢来扰乱庆典？"

小家伙慢条斯理地回答："怎么，你连我都不认识？我就是大名鼎鼎的小数点。"

1 司令问："你来干什么？"

小数点说："我是来参加庆典的，请你把我也安排到祝贺队伍中去吧，我想看看热闹。"

1 司令把小数点想参加庆典一事回禀零国王。

零国王轻蔑地看了小数点一眼，说："把你也安排到队伍中去？那怎么能成！我们整数王国一向以组织严密、排列整齐、秩序井然而闻名于世。你看宫外这长长的祝贺队伍，文官从 –1 总理开始，每后一位文官都比前一位小 1；武官从 1 司令开始，每后一位武官都比前一位大 1。这里连一个空位置也没有，把你往哪儿放呢？"

小数点又哀求说："好国王！你看我个头这么小，随便给我加个塞儿吧。"

零国王摇摇头说："不成啊！你还是赶紧离开这儿，别耽误我们的庆典。"

听完零国王这番话，小数点脸色陡变，厉声说道："怎么？好言好语和你商量你不答应，那可就别怪我小数点不客气了。我要叫你们的秩序来个大变样，让你们知道知道我的厉害！"

零国王听罢勃然大怒，向宫外喝道："谁来把小数点给我拿下！"话音刚落，数 5 从外面跳了进来，伸手来捉

小数点。只见小数点不慌不忙地往 5 的前面一靠，嗖的

一声，数 5 一下子缩小为原来的 $\frac{1}{10}$，变成 0.5 了。

零国王又向外面大喊："快来一个大数，给我把他捉住。"从外面"噔噔噔"走进一个大高个儿，个头儿比山还高一截儿，他是数 6600000——六百六十万。6600000 大吼一声："小数点，你往哪里走！"上前就捉小数点。面对这个庞然大物，小数点毫不畏惧，小眼睛一转就来了一个新招儿。只见他跳上宝座，揪起零国王往数 6600000 前面推去，自己就站在国王的前面。呼的一声响，高大的 6600000 立刻变得比凳子还矮，成了 0.066 了。

零国王一见大惊失色，高喊："谁能抓住小数点，我封他为王侯！"只见从外面不慌不忙走进一个长得像不倒翁的数，原来是数 8。

数 8 深深地向零国王鞠了一躬，说："国王陛下，依臣看捉拿小数点不能力擒，只能智取。"零国王点点头说："那你就试试吧。"小数点在一旁听了嘿嘿直乐，心想："好，好，我倒要看看你怎样智取我。"

数 8 对小数点抱拳拱手说："小数点，刚才我目睹你的本领，的确身手不凡。但是你只会把一个数变小，把 5 变成了 0.5，把 6600000 变成了 0.066。不知阁下还有什么本领？"

小数点听罢微微一笑说："你说我只会把一个数变小，你叫进一个负数来。"只见 -39 应声蹦了进来。小数点"哧溜"就钻到 3 和 9 这两个数之间，-39 的身子立刻向上长了一大截儿，变为 -3.9。小数点说："我把 -39 变成了 -3.9，根据负数绝对值越小数值越大的道理，我不是把一个数变大了吗？我不但能把正整数变小，还能把负整数变大。"

数 8 又说："一个人只有两样本领，还不能算本领高强。你还有什么本事？"

小数点晃了晃脑袋说："我还有一样看家本领没拿出来呢，你来看！"小数点说罢一跺脚，一个小数点立刻变成两个。正巧数 4 进宫向零国王禀报公事，小数点喊了声："来得好！"其中一个小数点站到了数 4 的前面，另

数学高手

小数点的移动规律

　　小数点的移动会引起数大小的变化：小数点向右移动一位、两位、三位，原数分别扩大 10 倍、100 倍、1000 倍，相当于做乘法；小数点向左移动一位、两位、三位，原数分别缩小 10 倍、100 倍、1000 倍，相当于做除法。故事中，小数点往 5 的前面一靠，也就是小数点往左移动一位，变成 0.5。

试一试

　　下面的数字变成 0.365 需要扩大或缩小几倍？

　　3.65　　　365　　　0.0365　　　0.00365

　　一个小数点飞身跳到了数 4 的头顶上，只见数 4 已变成 0.4̇。这时一种奇怪的现象发生了，数 4 像是着了魔一样，一个变两个，两个变四个，整整齐齐地排成一队，0.4 变成了 0.444……一直排到王宫外面向无穷远伸展开去。

不一会儿，小数点离开 0.4，数 4 又恢复了原样。

数 8 向零国王说："国王陛下，从小数点刚才施展的招数，臣已看出在我王国中只有一位高手不怕小数点的法术，可以捉拿小数点。"

零国王向前探着身子忙问："这位高手是谁？"

数 8 回答："就是国王陛下您。"

零国王惊奇地问："我？我为什么不怕小数点的法术？"

数 8 说："小数点站到正整数前面，会把正整数变小；小数点站到负整数里，会把负整数变大。但是，唯独站在您这个既非正整数又非负整数的零前面，不会发生变化。因为 0.0 仍然等于零呀！"

零国王一指自己的脑袋说："小数点如果跳到我头顶上怎么办？"

数 8 说："那也无妨，因为 0.0＝0.000……结果仍然等于零，您还是您自己，毫无损伤。小数点只对于您是不起作用的。如果您能亲手捉他，准能成功。"

小数点在一旁听到零国王能降伏自己，十分害怕，

寻找外星人

没等数 8 把话说完，"哧溜"就从宝座底下跑了。

数学高手

循环小数

一个数的小数部分从某一位起，一个或几个数字依次重复出现的无限小数叫循环小数，其中依次不断重复出现的数字叫作循环节。循环节从小数部分第一位开始的叫纯循环小数，如 0.5̇；循环节不是从小数部分第一位开始的叫混循环小数，如 0.72̇8̇。

试一试

比较下列数的大小。

0.67 （　　） 0.6̇

8.2̇5̇ （　　） 8.25

5.414 （　　） 5.41̇

4. 神秘数

在群山环绕之中，有一座数的城市。城市里的居民是全体实数。有理数住在城东，无理数住在城西，他们和睦相处，生活得很好。

一天深夜，数居民都睡着了。突然，一个黑影闪到了城下，他探头看看城门没有关，就嗖地钻进了城。月光下，只看见这个黑影拖着一条微微上翘的尾巴。

第二天一早，城市里突然乱了起来，数 5 嚷嚷说他的一袋粮食被人偷了；$\sqrt{2}$ 说他养的老母鸡不见了；$-\frac{1}{3}$ 说他藏的两瓶酒不翼而飞了……

怎么回事？这座城市从来没有丢失过东西，怎么在一夜之间出了这么多怪事？

全体数居民推选头脑发达、办事公平的数零来负责调查这件事。

零晃了晃他的大脑袋，咳嗽了一声说："咱们这座城市的数居民，向来是诚实、守法的，不会干这种偷鸡摸狗的事。"

数 5 问："我的粮食哪儿去了？"

$\sqrt{2}$ 问："我的老母鸡哪儿去了？"

$-\dfrac{1}{3}$ 问："我的两瓶好酒哪儿去了？"

零说："咱们这座城市一定是混进了坏数！这件事好办，只要把我们全体数居民清点一下，就可以把混进来的坏数抓出来。"

大家答应一声，就分为有理数和无理数两大类进行清点。

突然，有理数那边吵起架来了。零正要去看看，只见两个一模一样的 5 互相揪着衣领，你说我是假 5，我说你是假 5，推推搡搡地走了过来。两个 5 要求零判断谁是真的，谁是假的。

爱看热闹的数居民都跑了过来，围了个里三层外三层，大家大眼瞪小眼地看着，可是谁也分辨不出哪个是真 5，哪个是假 5。

奇妙的数王国

数学高手

实数

实数是与数轴上的点一一对应的数，包括有理数和无理数。实数既可以按照定义划分，也可以根据性质划分。有理数的运算法则、性质、运算律等在实数范围内仍然适用。

实数
（按定义分）
- 有理数
  - 整数
    - 正整数
    - 零
    - 负整数
  - 分数
    - 正分数
    - 负分数 ｝有限小数或无限循环小数
- 无理数
  - 正无理数
  - 负无理数 ｝无限不循环小数

实数
（按性质分）
- 正实数
  - 正有理数
  - 正无理数
- 零
- 负实数
  - 负有理数
  - 负无理数

试一试

下列数中，是正实数的有几个？

-7.5，$\sqrt{15}$，4，$\dfrac{2}{3}$，$-\pi$，$0.\overset{..}{1}5$

133

零略微想了一下说:"数居民们,咱们这里只有一个5,现在出现了两个,其中必定有一个是假的。这个假5,就是偷东西的那个坏数变的,谁有办法把这个坏数抓出来?!"

-5走进圈里说:"我对5最熟悉了,因为我和5是互为相反的数。我和5拉手做个加法就能变成0,5+(-5)=0。谁能和我相加得0,谁就是真5。"说完,-5和两个5分别拉手做加法,结果都变成了0。-5的实验失败了。

数学高手

互为相反数

在数轴两端,单位距离一样的两数,即除零外,只有符号不同的两个数,叫作"互为相反数"。互为相反数的两个数的和为0。

注意:互为相反数是成对出现的,不能单独存在,例如,a的相反数是-a,-a的相反数是a。

试一试

a + (-a) = (　　　)

$\frac{1}{5}$挤了进来说:"我来试试。我和5互为倒数,我和

5拥抱做个乘法就得1,即 $5 \times \frac{1}{5} = 1$。"说着,$\frac{1}{5}$与两个

5分别拥抱做了乘法,结果都得1。$\frac{1}{5}$也失败了。

数 学 高 手

互为倒数

两个非零数相乘积为1,则这两个数互为倒数。若两个非零数相乘积为 −1,则这两个数互为负倒数。

注意:(1)零没有倒数,也没有负倒数;(2)$a \neq 0$ 时,a 的倒数为 $\frac{1}{a}$;(3)求分数的倒数,只要把这个分数的分子、分母颠倒位置即可;(4)正数的倒数是正数,负数的倒数仍是负数。

试一试

倒数等于本身的数是( )和( )。

　　"我来试试！"0.1一边嚷嚷，一边往里挤，"我把5顶在头上做除法，就可以把5扩大10倍，变成50，即$\frac{5}{0.1}$=50。"说完就把两个5分别顶了起来，结果还都得50。

　　0.1眨巴眨巴眼说："虽然说用我去除他们，都得50，可是我发现他俩重量不同，一个轻点儿，一个重点儿。"0.1向四周看了一眼："谁能告诉我，数5有多重，我就可以指出哪个是假5！"

　　话音刚落，–5跳了进来说："我知道，数5的体重是……"没等–5把话说完，只见两个5中的一个围着–5转了一个圈儿，大家定睛一看，啊！5就剩下一个了，可是出现了两个长得一模一样的–5。两个–5互相揪着对方的衣领说对方是假–5。

　　零沉思了片刻说："看来这个坏数，是一个本领高强、变化莫测的神秘数。他可以随意变化成任何的数，使我们分辨不出来。"

　　无理数π走了进来，他不服气地说："我就不信！神秘数能变成我吗？"π刚说完，只见一个 -5 围着π转了一个圈儿，立刻出现了两个一模一样的π。

大家都看呆了。停了一会儿，数居民七嘴八舌地议论开了：

"真神呀！他想变成哪个数就可以变成哪个数。"

"一会儿变成 5，一会儿变成 -5，他究竟是正数呢，还是负数？"

大家正议论纷纷，$\sqrt{5}$跑来报告："大家注意了，北京的中学生小毅来了。"

零赶紧走过去和小毅握了握手。零问："你今天怎么有时间来玩？"

小毅说："我是找 a 来了。今天早上我翻开代数书，发现里面的 a 没了。我到处找，看看是不是跑到你们这儿来了。"

零说："这我倒没见着，不过我们这里来了一个变化莫测的神秘数，他把我们都搞糊涂了。"接着零把刚才发生的事情说了一遍。

　　小毅听完笑了起来，他说："这个神秘数，就是从我的代数书上跑掉的那个 a！"

　　"a 有这么大的本事？"

　　"所谓代数，就是用 a、b、c 这样的字母来代替具体的数，每个字母都可以代表任何实数。"

　　"用字母代表数有什么好处呢？"

　　"使我们研究的结果更有普遍性。比如说'两个数相加'这句话，如果用 5+4 来表示就不合适。因为它只表示了'5 加 4'，不能表示 3+7 或 $-\dfrac{1}{3}+\dfrac{1}{2}$，更不能表示任意两个数相加。但是，用 a+b 却可以表示任意两个数相加。这就是研究代数的好处。"

　　数 5 问："a 的负号藏在哪里？"

　　"藏在背心上。"小毅又对 a 说："快变成 a 的样子，让大家认识一下。"

　　a 立刻现了原形。

　　零很有兴趣地说："长得有点儿像我，不过他后面拖

数学高手

妙用代数

　　代数就是用 a、b、c 这样的字母来代替具体的数字，每一个字母都可以代表任意实数。通常用 a、b、c 来代表已知数，用 x、y、z 来代表未知数，这样就可以用代数的方法求解问题。

试一试

　　学校买来 a 个足球，每个 20 元；又买来 10 个篮球，每个 b 元，一共花费多少元？

了一条向上翘起的尾巴。"

　　a 敞开上衣，背心上印有一个 "–" 号。

　　0.1 问："既然你背心上印有负号，你一定是一个负数喽！"

　　a 掀起背心，发现里面还有一条背心，上面同样印有一个 "–" 号。

a说："负负得正，我穿有无数个印有负号的背心，我既可以表示正数，又可以表示负数，还可以表示0。"

"啊！真绝呀！""妙极了！"数居民发出一阵阵的赞叹声。

小毅说："我刚刚学代数时，对 a 也认识不足。总错误地把 a 看成正数，把 –a 看成负数，不了解 a 本身藏有许许多多个负号。学了一段，才逐渐掌握了代数的特点，知道 a 不一定代表正数，–a 不一定代表负数，a 不一定大于 –a。好了，我要带着 a 回去了。"

5 急忙拦住说："慢！他还偷了我们的东西呢！"

a 说："我不会要你们的东西，只不过想和你们开个小玩笑。"说罢翘起尾巴，从尾巴下拿出了一袋粮食、一只咯咯叫的老母鸡和两瓶酒。

5. 有理数和无理数之战

小毅的小脑袋瓜里，整天琢磨着数学问题。一天晚上，他正在一道又一道地演算数学题，忽然听到屋后"噼噼啪啪"响起枪声。

"深更半夜，哪来的枪声？"小毅爬上屋后的小山一看，哎呀！山那边成了战场，两军对垒打得正凶。一方的军旗上写着"有理数"，另一方的军旗上写着"无理数"。

"奇怪，有理数和无理数怎么打起仗来了？"

小毅攀着小树和藤条，想下山看个究竟。突然，从草丛中跳出两个侦察兵，不容分说就把他抓起来。小毅一看，这两个侦察兵胸前都佩着胸牌：一个上面写着"2"，另一个上面写着"$\frac{1}{3}$"。

噢，他们都是有理数。"你们为什么抓我？"小毅喊着。

"你是无理数，是个奸细！"侦察兵气势汹汹地说。

"我不是无理数，我是人！"小毅急忙解释。

侦察兵不听小毅的申辩，非要带他去见他们的司令不可。小毅问："你们的司令是谁？"

"大名鼎鼎的整数1！"侦察兵骄傲地回答。

"那么多有理数，为什么偏偏让1当司令呢？"小毅不明白。

侦察兵 $\frac{1}{3}$ 回答说："在我们有理数当中，1 是最基本、最有能力的了。只要有了 1，别的有理数都可以由 1 造出来。比如 2 吧，2=1+1；我是 $\frac{1}{3}$，$\frac{1}{3} = \frac{1}{1+1+1}$；再比如 0，0=1−1。"

小毅被带进 1 司令所在的一间大屋子里。这里有许多被捉的俘虏，屋子的一头，摆着一架 X 光机模样的奇怪的机器。

"押上一个！" 1 司令下命令。

两个士兵押着一个被俘的人走上机器。只见荧光屏"啪"地一闪，显示出"20502"。

"整数，我们的人。" 1 司令说完，又叫押上另一个。荧光屏显示为" $\frac{355}{133}$ "。

"分数，也是有理数，是你们的人！" 小毅憋不住地插嘴。1 司令满意地点点头。又押上一个，荧光屏上显示出" $0.35278 = \frac{35278}{100000}$ "。

"有限小数，有理数，是你们的人！"小毅继续说。接着押上的一个在荧光屏上显示出"$0.787878\cdots\cdots=\dfrac{78}{99}$"。

"也是你们的人。"小毅兴奋地说，"循环小数，可以化成分数的。"

这时，又有一个俘虏被两个士兵硬拉上机器，荧光屏"啪"地一闪，出现"$1.414\cdots\cdots=\sqrt{2}$"。不等小毅开口，1司令厉声喝道："奸细，拉下去！"这个无理数立刻被拖走了。接着荧光屏显示出一个数"$0.1010010001\cdots\cdots$"。

"这是……循环小数吧？"小毅还没说完，那个数猛地从机器上跳开想逃跑，却被士兵重新抓住。

"这是个无限不循环小数，是无理数！"1司令说道。小毅因为识别错了，脸都红了。这时，两个士兵请小毅站到机器上，荧光屏立刻出现一个大字"人"。

"实在对不起！"1司令抱歉地说，"到客厅坐坐吧！"

数学高手

循环小数和无限不循环小数

循环小数分为有限循环小数和无限循环小数，如 1.234234234 是有限循环小数，1.234234234……则是无限循环小数。循环小数的简便记法：0.5555……记作 0.$\overset{\cdot}{5}$；7.23838……记作 7.2$\overset{\cdot}{3}\overset{\cdot}{8}$。

无限不循环小数是指小数点后有无数位，但和无限循环小数不同，它没有周期性的重复，换句话说就是没有规律，如圆周率 π 值。

试一试

6.353535……叫（　　）小数，用简便方法表示是（　　），保留两位小数是（　　），保留三位小数是（　　）。

小毅问 1 司令为什么要和无理数打仗。1 司令叹了口气说:"其实,这是迫不得已的。前几天,无理数送来一份照会,说他们的名字不好听,要求改名字。"

"要改成什么名字?"

"要把有理数改成'比数',把无理数改成'非比数'。"1 司令说,"我想,千百年来人们都这么叫,已经习惯了,何必改呢?就没有答应。谁知他们蛮不讲理,就动起武来了。"

小毅试探地问:"我来为你们调停调停,好吗?他们无理数的司令是谁呢?"

"是 π。"1 司令答道,"我们也愿意协商解决这个问题。"

小毅来到无理数的军营。他问 π 司令为什么非要改名不可。π 司令说:"我们和有理数同样是数,为什么他们叫有理数,而我们叫无理数呢?我们究竟哪点儿无理?"说着,π 司令激动起来。

小毅问:"那当初,为什么给你们起这个名字呢?"

"那是历史的误会。"π司令说,"人类最先认识的是有理数。后来发现我们无理数时,对我们还不理解,觉得我们这些数的存在好像没有道理似的,因此取了'无理数'这么个难听的名字。可是现在,人们已经充分认识我们了,应该给我们摘掉'无理'这顶帽子才对!"

"那你们为什么非要叫'非比数'呢?"

"你知道有理数和无理数最根本的区别吗?"π司令解释说,"凡有理数,都可以化成两个整数之比;而无理数,无论如何也不能化成两个整数之比。"

小毅觉得π司令说的有道理,就点了点头,又试探着问:"那么,能不能想办法和平解决呢?"

司令见他诚心诚意,就说:"有一个好办法,但需要你帮忙。"

"我一定尽力!"小毅答道。

π司令高兴得一把拉住小毅的手:"你回家后,给数学会写一封信,把我们的要求转达给国际数学组织,请他们发个通知,把有理数和无理数改为比数和非比数。

数学高手

巧辨有理数和无理数

能够写成分数形式（m、n是整数，n≠0）的数叫作有理数，任何有限小数或无限循环小数都可以化成分数，都是有理数，如 $\frac{5}{9}$、-8.4、0.$\dot{4}$ 都是有理数。无限不循环小数叫作无理数，如π、0.1010010001……都是无理数。

试一试

在 $\frac{3}{7}$, 2π, 34, 5.6, 2.$\dot{1}$, 0.121, 0.34, $\frac{\pi}{7}$, 1.414213562373……9个数中，有多少个有理数？

只要人类承认了，有理数也不能不答应。"

小毅答应回去试一试。他一面往家走，一面在心里嘀咕：要是数学家们不同意，可怎么办呢？

一个月过去了，小毅也没回信，π司令等不及了，

又发兵攻打有理数。

1 司令得到情报不敢怠慢，赶忙领兵相迎。两军摆好了阵势，1 司令登高一看，哎呀！无理数可真多呀！只见无理数阵中一个方队接着一个方队，枪炮如林，军旗似海，一眼望不到头。

1 司令心中暗想：无理数人多，我们人少，要是硬打硬拼，怕不是对手。我必须这样……这样做……

1 司令给 π 司令下了一道战书，提出要和 π 司令较量刀法，在两军阵前来个单打独斗。π 司令满口答应。

三声炮响，两军阵中战鼓咚咚，军号齐鸣，1 司令和 π 司令各自走出阵来。π 司令紧握一口宝剑，寒光闪闪，锋利无比；1 司令手持一口厚背大砍刀，力大刀沉。两位司令行罢军礼，也不搭话，π 司令举剑便刺，1 司令挥刀相迎，两人就杀在一起了。双方的官兵，摇旗呐喊，擂鼓助威。

两位司令厮杀了足有半个多钟头，不分胜负。π 司令越杀越勇，利剑像雪片一样上下飞舞，1 司令渐渐不支了。突然，π司令大喊一声："看剑！"利剑搂头盖脸地劈了下来，1司令竟也不躲闪，只听得咔嚓一声，被π司令从当中劈成两半。无理数官兵欢声四起，喊声雷动，为π司令力劈1司令叫好。

π司令正洋洋得意，忽听"看刀"，话音刚落，π司令的左右腿各挨了一刀。他低头一看，大惊失色：地上被劈成两半的1司令不见了。只见两个个头只有1司令一半高的矮小军官，各举一把小砍刀向他杀来。

π司令用剑架住两把刀，厉声问道："你们是何人？敢来暗算本司令！"

两个矮小军官齐声回答："我俩都是$\frac{1}{2}$，看我们刀的厉害！"

π司令一边招架，一边问："我和1司令比试武艺，你们两个来干什么？"

两个$\frac{1}{2}$齐声回答："1司令分开就是我们俩，我们俩合起来就是1司令。你少啰唆，看刀！"两个$\frac{1}{2}$一左一右举刀砍来。π司令不敢怠慢，挥剑就和两个$\frac{1}{2}$打在了一起。

打了有半个多钟头，π司令大喊一声："看剑！"只

见"刷刷"两剑，又把 $\frac{1}{2}$ 各劈成两半。π 司令急忙低头

察看，只见每半个 $\frac{1}{2}$ 在地上打了一个滚儿，站起来变成

个头更矮的 $\frac{1}{4}$ 了。4 个 $\frac{1}{4}$ 把 π 司令团团围在当中。

又打了有半个多钟头，π 司令又大喊一声："看剑！"

利剑在空中画了个圆圈，把 4 个 $\frac{1}{4}$ 都拦腰折成两段。结

果又出现了 8 个 $\frac{1}{8}$ 把 π 司令围住。

π 司令连累带急，脑袋上的汗都下来了。8 把小刀

从 8 个方向砍杀过来。π 司令顾东顾不了西，顾南顾不

了北，身上已挨了好几刀。

π 司令想：我不能再砍他们了。我再砍一次，他们

就会变出 16 个，我更招架不住了。π 司令不敢恋战，杀

出一条血路，撒腿就往无理数的阵地跑。

8 个 $\frac{1}{8}$ 也不追，他们手拉手往中间一靠，呼的一声，

又变成1司令了。1司令望着π司令逃走的背影，哈哈大笑。有理数阵中欢呼跳跃，不断呼喊1司令的名字："1司令！1司令！"

无理数军中连日高挂"免战牌"。π司令伤势稍好，就连忙召集将校军官开会，商量对策。

π司令说："1司令的刀法虽说不很高超，但这分身之法可十分了不得。一劈变俩，再劈变四个，越劈越多，杀不尽，砍不绝呀！如何对付是好，愿听各位高见！"

$\sqrt{2}$参谋长发言："π司令上次交战，每次都把对方一劈两半。不料1司令擅长分身术，越分越多。但是不管怎么分，加在一起总还等于1。我们何不发挥自己的优势呢？"

π司令忙问："什么优势？"

$\sqrt{2}$参谋长说："我们无理数是无限不循环小数，我们就使用'无限'这一绝招儿！"

π司令又问："怎样用法？"

数学高手

分数的除法

分数除法是分数乘法的逆运算。分数除法计算法则：a 除以 b（0 除外），等于 a 乘 b 的倒数，即 $a \div b = a \times \dfrac{1}{b}$。当 a、b 都是正数时，如果除数小于 1，商大于被除数；如果除数等于 1，商等于被除数；如果除数大于 1，商小于被除数。故事中，1 变成 $\dfrac{1}{2}$、$\dfrac{1}{2}$ 变成 $\dfrac{1}{4}$ 等等，他们共同的除数是 2，除数大于 1，商小于被除数，所以越除越小。

试一试

$32 \div \dfrac{1}{8} = ($ 　　 $)$

$\sqrt{2}$ 参谋长说："上次我在阵前观看，发现 1 司令的身长是有规律的——头占全身长度的 $\dfrac{1}{10}$，而头皮又占全头的 $\dfrac{1}{10}$。π 司令，您下次再战时，想办法把 1 司令的

脑袋砍下来，紧接着把头皮砍下来，接着再砍下头皮的 $\frac{1}{10}$，这样越砍越小无限地砍下去。由于剩下来的部分凑不成 1，因此也就变不成 1 司令了。军中无帅，一打便败。我们乘势追杀，可一举得胜。"π 司令听罢大喜，立刻传令出战。

1 司令和 π 司令行过军礼，也不搭话，各举刀、剑杀在一起。杀了足有一个钟头。π 司令大喊一声："看剑！"宝剑直奔 1 司令的脖子砍去，1 司令躲闪不及，"咕咚"一声，脑袋被砍掉在地上。π 司令不敢怠慢，一剑砍下头皮，又砍下头皮的 $\frac{1}{10}$，这样手不停地一直砍下去，每次都砍下 $\frac{1}{10}$。

$\sqrt{2}$ 参谋长看到计划获得成功，正要下令发起冲锋。就在此时，只见 1 司令剩下的部分自动地合在一起，"刷"地一变，又变成了 1 司令，笑呵呵地站在那里。

π 司令大惊，问 1 司令："我这儿还不停地砍着你呢，你怎么又活了？"

1 司令冷笑了一声说："你只想到无理数会使用'无限'这一绝招儿。你忘了我们有理数中也有无限循环小数啦。"

1 司令说："你砍下我的头，剩下 $\frac{9}{10}$，也就是 0.9；砍下我的头皮，又剩下 0.09；再砍去，剩下 0.009。你可以无限地砍下去，但是剩下的部分合在一起是——

0.9+0.09+0.009+……

=0.999+……

=1

所以我又活了。"

π 司令听罢 1 司令的话，自知不是 1 司令的对手，急忙下令退兵。无理数后队变前队，撤回自己的疆土。

试一试答案

第 7 页　　E=7，W=4，F=6，T=2，Q=0

第 12 页　　2 和 8

第 23 页　　10.2 米

第 27 页　　31、186 或者 62、93

第 32 页　　52°

第 34 页　　10 个

第 38 页　　24

第 44 页　　白铅笔 16 支，红铅笔 48 支

第 46 页　　8，a^{11}

第 55 页　　3 天

第 62 页　　18

第 73 页　　6+6+6+6+16=40

第 79 页　　$x=3$

第 84 页　　6 种

第 89 页　　125 页

第 94 页　　180

第 102 页　　55

第 116 页　　C

第 119 页　　81，64

第 128 页　　缩小 10 倍，缩小 1000 倍，扩大 10 倍，扩大 100 倍

第 130 页　>，>，>

第 133 页　4

第 134 页　0

第 135 页　1 和 −1

第 139 页　20a+10b

第 146 页　无限循环，6.3̇5̇，6.35，6.354

第 149 页　6 个

第 155 页　256

数学知识对照表

知识点		页码	对应故事	难度星级
数的认识与计算	数字密码	7	带弯刀的阿拉伯男人	★★★★★
	根据文字列算式	12	带弯刀的阿拉伯男人	★★★★
	巧用公约数	27	又唱又跳的老主编	★★★★
	乘方	46	巧遇大胡子	★★★
	拆分数	73	万能的金字塔？	★★★★
	找规律	94	狼！狐狸！	★★★★
	神秘的数字"0"	102	梦游"零王国"	★★★
	质数、合数、分解质因数	116	7和8的故事	★★★★
	乘方运算	119	7和8的故事	★★★
	小数点的移动规律	128	小数点大闹整数王国	★★★
	循环小数	130	小数点大闹整数王国	★★★★
	实数	133	神秘数	★★★
	互为相反数	134	神秘数	★★★
	互为倒数	135	神秘数	★★★
	妙用代数	139	神秘数	★★★★
	循环小数和无限不循环小数	146	有理数和无理数之战	★★★★
	巧辨有理数和无理数	149	有理数和无理数之战	★★★★
	分数的除法	155	有理数和无理数之战	★★★

知识点		页码	对应故事	难度星级
几何初步知识	圆周率、直径与周长	23	又唱双跳的老主编	★★★★
	认识角	34	爬上大通道	★★★★
	极限角和稳定角	32	爬上大通道	★★★
典型应用题	平均数问题	38	爬上大通道	★★★★
	和倍问题	44	巧遇大胡子	★★★
	平均数问题	62	走进了岔路	★★★★
应用题解法	列方程解方程	79	恐怖的诅咒	★★★★
	已知部分求整体	89	狼！狐狸！	★★★★
推理与统计	组合问题	84	恐怖的诅咒	★★★★
	蜗牛爬井问题	55	探索石棺的秘密	★★★

趣味数学题

劳动分配　　平均分配　　★★★

有一个房主造了一些庭院，其中有一处三家共同用，院内的卫生由住进去的三家女主人共同负责清理。A夫人干了5天，B夫人干了4天，清理工作就全部干完了。C夫人怀孕了，只好拿出9块钱顶了她的劳动。这笔钱如果由A、B两夫人按照劳动量来分，怎样分才合理呢？

答案： A夫人分6元，B夫人分3元

分面包　　分数应用题　　★★★★

我国大数学家张广厚小时候遇到了一道难题。他勇于向难题进击，结果难题不难，准确求出了答案。你也来试试这道"难题"吧：

一个大人一餐能吃四片面包，四个幼儿一餐只吃一片面包。现有大人和幼儿共100人，一餐刚好吃完100片面包。这100人中，大人和幼儿各有多少？

答案： 大人20人，幼儿80人

买鸡　列方程解应用题　★★★★

《张立建算经》是中国古代算书，书中有这样一道题：公鸡每只值5元，母鸡每只值3元，小鸡每3只值1元。现在用100元钱买100只鸡。请问这100只鸡中，公鸡、母鸡、小鸡各有多少只？

答案：0、25、75；4、18、78；8、11、81；12、4、84

数字相加　加法巧算题　★★★

数学家高斯上小学四年级的时候，老师在算数课上出了一道难题：把1到100的整数写下来，然后把它们加起来求和。其他的学生把数字一个个加起来，额头都出了汗水，但高斯却静静坐着，对老师投来的轻蔑的、怀疑的眼光毫不在意。最后，大部分同学都做错了，而高斯却轻松地写出了正确答案：5050。你知道高斯怎样快速算出来的吗？

答案：这是一道加法巧算题，把数一对对地凑在一起，很快就能算出答案。1+100=101，2+99=101，3+98=101……49+52=101，50+51=101，一共有50对和为101的数，所以答案是50×101 = 5050。

爸爸和儿子　简单推理　★★★★

有一个小朋友叫小龙，特别爱学习，总爱让大人给他出题。有一天，爸爸给小龙出了一道题："我们家有一张照片，上面有两个爸爸，两个儿子，你能猜出来照片上有几个人吗？"小龙马上就猜出来了。你猜出来了吗？

答案：3个人，分别是爷爷、儿子、孙子。

🔵 假钞的损失　　盈亏问题　★★★

一天，有个年轻人来到童鞋店里买了一双鞋子。这双鞋子成本是15元，标价是21元。年轻人掏出50元要买这双鞋子，童鞋店主没有零钱，便用年轻人的那50元向隔壁店主换了50元零钱，找给年轻人29元。后来隔壁店主发现那50元是假钞，童鞋店主无奈之下，还了邻居50元。你知道童鞋店主损失了多少钱吗？

答案：44元

🔵 厨师巧烙饼　　合理安排时间　★★★★

面饼店来了三位顾客，要买三张饼。他们急于赶火车，烙饼时间不能超过16分钟。几个厨师都说无能为力，因为要烙熟一个饼的两面各需要五分钟，一口锅一次可放两个饼，那么烙熟三个饼就得20分钟。这时来了厨师老李，他说只要15分钟就行了。你知道老李是怎么做到的吗？

答案：先拿两张饼放进锅里，五分钟后，把其中的一张翻过来，把另一张拿出来放到一边。把第三张饼放进锅里，再过五分钟后，取出已烙好的那张饼，把第三张饼翻过来，再把刚才拿出来的那张饼放入锅里，再过五分钟后，锅里的两张饼都已烙好。